会八方宾客，展天下奇工

——2010上海世博会主题馆建设与运行

主　编　戴　柳

执行主编　高文伟　丁洁民

U0345849

同济大学出版社
TONGJI UNIVERSITY PRESS

图书在版编目（CIP）数据

会八方宾客，展天下奇工：2010上海世博会主题馆
建设与运行／戴柳主编.－－上海：同济大学出版社，2014.6
ISBN 978-7-5608-5445-8

Ⅰ.①会… Ⅱ.①戴… Ⅲ.①博览会－展览馆－建筑
设计－上海市 Ⅳ.①TU242.5

中国版本图书馆CIP数据核字(2014)第043281号

会八方宾客，展天下奇工——2010上海世博会主题馆建设与运行
主编 戴 柳 执行主编 高文伟 丁洁民
责任编辑 高晓辉 赵泽毓 责任校对 徐春莲 装帧设计 陈益平 图文制作 乔荣

出版发行 同济大学出版社 www.tongjipress.com.cn
　　　　　（地址：上海四平路1239号 邮编：200092 电话：021-65985622）
经　　销 全国各地新华书店
印　　刷 上海盛隆印务有限公司
开　　本 889mm×1194mm 1/16
印　　张 14.25
字　　数 456000
版　　次 2014年6月第1版　 2014年6月第1次印刷
书　　号 ISBN 978-7-5608-5445-8

定　　价 180.00元

本书若有印装质量问题，请向本社发行部调换 版权所有 侵权必究

本书编委会

编委会

主　　任：戴　柳

执行主任：高文伟　丁洁民

副主任：施建培　宁　风　曾　群

委　　员：宋雪春　邹子敬　刘　毅　袁建国　李　强

编辑工作小组

组　　长：高文伟

副组长：施建培　宁　风

组　　员：吴忠永　周建军　黄海兵　邹子敬　何志军　周　谨

　　　　　包顺强　孙　晔　文小琴　陶　炜　吴亦乐　沈忠妹

主编单位：上海东浩兰生国际服务贸易（集团）有限公司

　　　　　同济大学建筑设计研究院（集团）有限公司

参编单位：上海东浩工程投资建设管理有限公司

　　　　　上海东浩会展经营有限公司

　　　　　上海二建集团有限公司

　　　　　上海建浩工程顾问有限公司

　　　　　上海宝冶集团有限公司

　　　　　上海市园林工程有限公司

序 一

这是一本为一座建筑做"传"的书,"传主"是 2010 年上海世博会主题馆,如今已更名为上海世博展览馆,为叙述方便,这里仍然称它的故名——主题馆。

中国古代建筑文化中,有为新落成的建筑撰写铭文做记录的传统,脍炙人口的《岳阳楼记》就是其中一例,作者范仲淹为后人留下了不朽的篇章。在现代,这种带有文人雅趣的传统基本没有了,但人们通过出版图书来为一座座有价值的建筑存档立案并予以传播则是寻常事。

不过,一般来说,市面所看到的建筑图书多为一些建筑集锦、作品汇聚等书籍,其中呈现的是一座座建筑的"小传",难得看到有详细记述某座建筑前世今生的"大传"。而这本书可谓是主题馆建筑的"大传"。

主题馆从启用到现今不过将近 4 年的时间,再追溯到它的规划、设计、施工及运营,也不超过 10 年,能谈得上什么"前世今生"? 它又能有什么做"大传"的资格呢? 在出版不论英雄出处的当今,应该说,这些都不是问题。关键是成书会给读者、给后来者留下些什么有价值和有意义的东西。

这本书介绍了主题馆横空出世的大背景,讲述了 2010 年世博会落户上海、最后落址浦江两岸的历史经历,这些内容虽然在其他与 2010 世博会有关的书籍中也说到,但从主题馆建设的角度来介绍还是有所不同的,正如书中所述,如果说 2010 年世博会的中国馆建筑是中国的国家名片,那么主题馆建筑就是这一届世博会的名片。为了这张名片名副其实、实至名归,牵涉到太多建设者的艰辛努力。书中没有描写建设者们的群像,也没有为个体英雄树碑,但是在纯技术、纯专业的描述中,处处可以看到人的力量、人的智慧和人的创新精神。而主题馆有形的技术和专业,以及从中体现出的无形精神构成了这本书的价值和意义。

对于建筑者来说，主题馆好比考场上的一篇命题作文。考试的结果是，各方参建者们在有限时间里挥毫作出了上好的文章，既扣题，又气势磅礴，还用词典雅精巧，足以传世。

著名建筑师、中国工程院院士戴复东教授提出过一个建筑创作"三T"（Thinking，Technique，Taste）的准则，"三T"所要表达的是：

Thinking（构思、立意），简而言之是意是否"新"的问题；

Technique（技巧、方法），简而言之是技是否"工"的问题；

Taste（情趣、品位），简而言之是格是否"高"的问题。

借用这"三T"来做本书阅读的指引，可以看到书中较全面地介绍了主题馆的"新"、较生动地介绍了主题馆的"工"、较细致地介绍了主题馆的"高"。从中可以感受到，这不是一本严肃而枯燥的纯技术、纯专业书籍，而是一本图文并茂、带有科普意味、能让人深入读下去、并获得一定知识和审美情趣的书。

对普通读者而言，一本书的价值也莫过于此吧。

2014.3

序 二

　　历经 184 天的上海世博会于 2010 年 10 月 31 日降下帷幕，作为全人类经济、文化与科技交流的盛会，它已落幕并渐渐远离人们的视线，但园区里恢弘矗立着的一轴四馆却被留作永久记忆，让人们时时想起 2010 年曾经发生在这里的一幕幕动人场景，并通过参与者们口口相传到下一代、再下一代……

　　人们称：后世博时代已经来临。后世博时代，人们纷纷著书立作，讴歌 2010 上海世博会的辉煌，彰显世博园区建设的成就，总结在整个世博期间组织、管理及服务的经验。后世博时代，人们光大世博精神，借鉴世博经验，思考世博会中展现的种种启示，筹划国家以及上海新的发展。后世博时代，世博场馆的后续利用被排上了日程，浦东一轴四馆地区，用地面积约 1.94 平方公里，已被规划布局为会展及其商务区。

　　一轴即贯穿世博园区的中央景观轴线——世博轴，四馆即左右两边的四座永久性标志建筑——中国馆、主题馆、世博中心、演艺中心。毋庸置疑，主题馆是一轴四馆地区中今后唱响国际会展大戏的主角。为了能担当起这一重任，主题馆的建设者们从一开始就为它做了长远发展的规划，为它预留了足够大的展示空间。

　　上海世博会共设立了五个主题馆，分别是城市人馆、城市生命馆、城市星球馆、城市足迹馆和城市未来馆，它们分布在三个地点。浦东一轴四馆区域的主题馆为新建场馆，包含了前三个主题馆，后两个主题馆则利用了浦西的两处老工业厂房。新建的主题馆是中国自行设计和建造的具有完全知识产权的国家一流标准展馆建筑。

　　主题馆在一般的表述中，既可以指其展示的内容，也可以指提供展示空间的展馆，关于展示内容，由上海世博（集团）有限公司（2011 年 8 月正式更名为上海东浩国际服务贸易（集团）有限公司）主办，《上海世博》编辑部 2010 年 6 月出版的《主题馆全纪录》中，将五个主题馆展示的内容作了一番全景式的解读。与该书不同，本书是要为一轴四馆中的新建主题馆建筑立传，本书所谈及的主题馆也是指这一处的建筑。

在一般人的印象中，与无比高调的中国馆相比，主题馆的热烈追逐者似乎少些。确实，中国馆是公认的国家名片，它无论从色彩还是形态都足以成为无可争辩的国家形象。作为主题展示和永久保留的展馆，主题馆在世博会自有其定位。

1933 年美国芝加哥世博会所设立的主题展，引领了世博会逐步从繁复、面面俱到的产品分类展示体系中分离出来，步入了以主题来规划取舍展示内容的时代。随后，世博会的展示重心逐渐由展品向理念和文化转移。1994 年，国际展览局第 115 次大会宣布了世博会主题体系的正式形成，严肃了主题体系的操作和规范。人们对世博会主题的提炼和认识也越来越向普世价值靠拢。主题成为历届世博会凝聚参展国家和单位的灵魂，主办国设立的主题馆以发生在国际范围的事例、国际流行语言作为展示元素，主题馆是世博会无可争议的名片。

2010 上海世博会主题馆的功能、形象、建造技术、工艺以及建造理念都令国际展览局视察团非常满意。经过 688 天的努力，主题馆成为世博园区内第一个竣工的永久性场馆，并获得上海市建设工程"白玉兰奖"和国家建设工程"鲁班奖"。它创造了三项"世界之最"：一是拥有世界最大的双向大跨度无柱展厅，面积达 2.5 万平方米；二是近 6000 平方米的东西立面生态垂直绿化墙，面积堪称世界第一；三是近 6 万平方米的屋顶覆盖了太阳能光伏发电组件，也是世界上最大的单体太阳能建造一体化屋面。主题馆的建设者们代表国家向世博会递交了一份出色的答卷。

2010 上海世博会的观展者总数达 7 000 万人次，是世博会有史以来观展人次最多的一次展会。10 月 25 日是

"主题活动日"，主题馆迎来了第 2 900 万名观众，媒体很快传开了这一惊人的数字。超大容量以及设计到位的人流通道让走进园区的参观者有 41% 人次有幸光顾了主题馆，浏览了其中的主题展示。主题馆无愧于世博主题演绎的最强担当者。

如今，主题馆已经告别了上海世博会，为使中国走向会展大国，让国际会展成为上海又一核心竞争力，它正在作华丽转身。建设者们对它有太多的记忆，点点滴滴化作对它的追述。

主题馆建造有超前的规划与设计，它的规划与世博园区规划一脉相承，建设过程本身就一直在向世人诠释"城市，让生活更美好"的世博主题。主题馆的设计貌似不惊艳，却处处超凡脱俗，科学大胆，意象隽永。

主题馆的施工与国内许多工程一样，遭遇了工期的紧迫，而且是完全没有退路的紧迫。向技术创新要时间成了建设者唯一的出路，他们提出的"金点子"（来源于劳动竞赛）、合理化建议，大大推动了施工进度，提前完成了任务。

主题馆在建设期就搭建了有利于转向运营的信息化平台，该平台是现代工程项目管理的战略基础。主题馆在这个平台上实现了安全高质、高效低耗的管理，节约了可观的投资资金，并为日后的节能运营奠定了基础。

建设者们难以割舍对主题馆的情怀，相信他们在主题馆建设过程中的所有付出都是有价值并能为同业者所借鉴的。留下一份关于主题馆建设的林林总总，是他们的心愿，也是他们对时代的责任。

2014.3

目 录

1 规划设计

1.1 世博园区的规划与后续定位

1.1.1 7000万人次是如何确定的

上海世博会是世博会历史上参展国家和机构最多的一次展会，共有246个国家和国际组织参展，其中国家190个、国际组织56个。上海世博会是全球有史以来参观人数最多的一次展会，观展人次达到了7308万，其中10月16日创下了103.27万人的最高单日纪录。

世博园区能承纳如此大的客流容量和吞吐能力，当然是事前预计、事先规划的。至于为何要做这样大的规模，是主观意愿，还是客观使然，国人曾有很多议论。在世博会即将结束的10月，原上海市申办2010年世博会领导小组办公室副主任陈志兴撰写的《申博记忆》出版了，书中将为何定出7000万人规模的来龙去脉做了说明，满足了许多人对这一问题的探求，也解答了坊间对世博会是否盲目追大、追多的疑问。

中国要申办世博会，先要向国际展览局提交政府申请函，然后在规定时间内提交《申办报告》。在《申办报告》中，世博会的参观人次是必须回答的问题，因为这关系到世博会场地面积、场馆布局、设备设施、道路交通、住宿餐饮等一系列相关问题。《申博记忆》一书披露，1999年5月31日，上海市政府第34次常务会议决定申办2010年

世博会，根据上海市申博领导小组的要求，上海市申博办经过公开招标，最后委托国际著名的美国盖洛普咨询有限公司承担上海世博会客源调查，并预测上海世博会的参观人次。

经过两年半时间的社会调查、抽样调查和电话采访，引用渗透率预测模型、引力预测模型和回归预测模型，收集二手资料分析等各种方法，最初的预测报告出来了。报告认为，上海世博会的客流量将介于3910万～5400万人次之间。其中，上海的参观者为990万～1080万人次，占客流量的22%；本地区，即以上海为中心约1000km以内的范围，主要指华东地区，参观者为2210万～2790万人次，占总客流量的54%；全国（含香港、澳门和台湾）参观者为3850万～5310万人次，占总流量的98%；国际参观者为67万～103万人次，占客流量的2%。

2002年3月10日至16日期间，国际展览局考察团来中国考察，分别在北京和上海听取了中国政府有关部门和上海市的申办陈述报告12场。吴仪等国家领导人和上海市政府领导、专家阐述了中国申办世博会的优势和理由，并在财政、安全、出入境便利和参展国优惠措施等方面做出郑重承诺。考察团一行还实地考察了上海市举办世博会的能力和周边环境。盖洛普的专家在上海向考察团作了陈述报告，第一次向媒体公开了预测的人次数据，即约5300万人次。

听到这一数字，考察团普遍认为，"5300万"过于保守。他们根据了解的情况认为，未来的8年，中国、上海将会发生更大的变化。他们了解到，中国民众对申办世博会的支持率为90%，上海市民对世博会的支持率达93%，因此认为，上海作为中国最有活力的国际大都市，正吸引着越来越多的游客。2001年，上海接待的国内外游客超过8000万人次。如果世博会场地还有扩展的可能（当初规划不到5.28 km^2），那

么 2010 年上海世博会的参观人次完全有可能超过 6 000 万。

超过 6 000 万人次是什么概念？也就是接近或超过世博会历史最大规模的日本大阪世博会，有可能创造历史之最，单纯创造历史之最不应该成为上海世博会的目的，但如果对观展人数估计不足，规划不到位，影响世博会的正常举办，主办国的声誉必将受损。

上海市申博办公室此后又组织了数家咨询公司对比进行调查研究，专家分析，近几十年的世博会，每届的参观者都以国内游客为主、国外游客为辅。在创人次之最的 1970 年大阪博览会的 6 400 万人次中，日本游客达 6 200 万人次，国外游客只占 2.7%。日本几乎有一半的国民参观了展会，这和他们的动员和宣传攻势是分不开的。专家们又对历年上海旅游、商务人数分布，上海周围 500～1 000 km 的人口数量做了分析，也考虑到世博会场地的远近、最大容量、人均面积、生活承受力等，于是预测，中国要打破日本大阪纪录不是没有可能，如果以中国总人数 14 亿来算，达到 7 000 万人次是做得到的，因为这只占了人口总数的 5%。

2002 年 7 月 2 日，在国际展览局的第 131 次成员国代表大会上，中国申博代表团报出的最终预测结果是：2010 年上海世博会参观人次将达 7 000 万，同时，吸收的参展国家和国际组织要达 200 个。数字一旦宣布，就是一把双刃剑，作为一种承诺，所有的经济压力、建设压力、组织压力都由中国人民、上海人民来扛。但是，目标实现了，就是中国人民、上海人民赢得了挑战自身智慧和能力的伟大成就。5 个月后的 12 月 3 日，国际展览局第 132 次全体大会上，中国上海终于获得 2010 年世博会举办权。之后，总数 7 000 万人次、日均 40 万人次的规模成了世博园区规划建设的重大指标。

1.1.2 世博园区地址是如何确定的

世博会的会址设在卢浦大桥和南浦大桥之间的黄浦江两岸的滨水区域。选址历来是历届世博会规划的首件大事。上海市政府对世博会的酝酿早在 20 世纪 80 年代中期，对会址也有过几种设想。

1982 年，新中国成立后首次参加美国诺克斯维尔世博会，并与国际展览局建立了联系。时任上海市市长的汪道涵是最先提出要申办上海世博会的人。上海市政府在 1985 年 4 月 12 日的办公会议上决定，由上海市科委牵头，组织力量对上海举办世博会进行可行性研究。2008 年出版的上海市政府办公室参与编写的《世博读本》一书中披露，当初研究的选址方案定在浦东花木。

时间一晃 8 年。1993 年 5 月 3 日，中国被国际展览局接纳为第 46 个成员国。同年 12 月 5 日，中国被增选为国际展览局信息委员会的成员。1999 年 12 月 8 日，在国际展览局第 126 次会议上，中国首次当选为执行委员会成员。这天，中国政府驻国际展览局首席代表刘福贵走上讲台，大声宣布，中国上海要申办 2010 年世界博览会，已得到政府的完全支持。中国人申办世博会的序幕至此拉开。此时，绝大多数中国人还不知世博会为何物，但随着对世博会以及申办世博会的宣传铺开，举国上下，都把申办世博会看成一次复兴中华的历史机遇，上海市政府和市民更是齐心协力促进申办成功,紧锣密鼓地开展多方面的可行性研究,准备申报文件。

其中,有一项活动对世博会会址产生了重要影响。历届世博会规划期都有在全球范围内吸收好点子的惯例。欧洲很多大学以此为题目,举行城市规划概念设计竞赛,让学生充分发挥想象力和创造力。担任上海世博会主题演绎总策划师的同济大学郑时龄院士提议,邀请法国欧洲城市规划设计大学夏日设计工作室来上海联合做项目,获得上海市政府批准。时间是 2000 年 10 月 30 日至 11 月 24 日。当时给出的世博园区场地在浦东新区的黄楼。在与上海市政府官员、同济大学及国际专家一个月的合作中,工作室组织 40 位学生分成 6 个竞赛小组深入探讨了世博会,并提出了振奋人心的方案。6 个小组拿出的规划报告中,其中 5 个对会址做了不同程度的改动。一个获得创意奖的规划,更是彻底放弃了上海市政府给出的黄楼地址,提出了在上海的母亲河——黄浦江两岸分设会场的方案,受到评委的赞赏,并引来了进一步的研讨。

国际竞赛取得了开拓思路、集思广益的效果。领导和专家经过缜密的论证分析,确定将世博园区的位置落在南浦和卢浦两桥之间的浦江两岸滨水区域。根据预计 7 000 万人次的参展规模,确定用地范围浦

东部分为 3.93 km²,浦西部分为 1.35 km²,共 5.28 km²。上海世博会成了用地范围最大的一届世博会。

1.1.3 浦东浦西园区和而不同

世博园区建设前的规划方案国际竞标于 2004 年 4 月拉开帷幕,7 月 28 日公布结果。来自美国、英国和中国同济大学的方案入围"三甲"。同济大学建筑与城市规划学院教授吴志强奉命对优秀规划进行通盘考虑和优化整合。10 月 28 日,他被宣布担任世博园区总规划师。

在"城市,让上海更美好"的主题下,上海世博园区被规划为一个"和谐城市"模型。历届世博会建设的通常做法是拆了老建筑、建设新园区,而上海世博园区没有这样做。吴志强在《园区总规划师为您解读上海世博会精彩看点》一书中介绍,要完成浦东和浦西两岸的协同,如果按西方现代设计理念,应在两岸置入大量相同的元素,即同质化处理。但是,如果同质化处理,浦西大量有历史价值的老工业建筑将被拆除;浦东则要新建大量含同质化元素的建筑,这将对浦东原有生态环境产生负面影响。最后确定的上海世博园区规划本着中华和谐思想,用"和而不同"、"求同存异"的东方智慧来解决问题。针对浦西和浦东的不同发展状况和已有元素,建设规划运用了不同元素的互补原理,来实现两岸的统一。

所谓互补原理,也就是如同太极图似的"阴阳合抱"设计理念,即在浦西的都市化底板上置入自然生态的元素,在浦东自然生态的底板上置入都市化的元素,形成互补而平衡共生的态势。规划紧紧抓住了可持续发展中的历史文化遗产保护,在世博会园区内保留了 25 万平方米的老工业建筑。还在划红线时划出了 1.4 km² 的住宅区,一万多户人家免于动迁,使他们成为离世博会园区最近的住户,成为世博会受益者。如果站在中国馆屋顶或南浦大桥上望整个园区,可以领

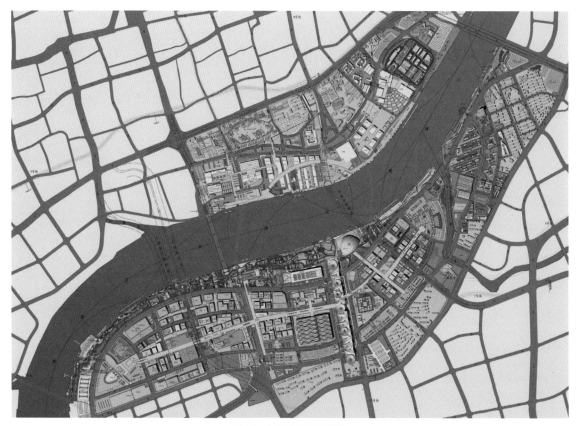

图1-1 上海世博园区规划

图1-2 上海世博会围栏区B片区主要场馆

略到浦西和浦东的园区分别贴着那略显 S
形弯曲的黄浦江,就像一个变了形的阴阳太
极抱合图(图 1-1)。

园区的规划建设特别重视节能、环保
和生态。方案中对主导风向、降雨量、湿
度、太阳能等进行城区级别的大规模模拟,
能准确地计算出一个地方一天的太阳辐射,
通过一些规划创新的手段,一方面减弱太阳
对地面的暴晒,另一方面将其转化为能源,
园区里一些空调系统试验用太阳能直接管
控。规划还通过风的模拟,不断调整设计,
努力做到园区内每一栋建筑、每一扇窗户进
来的风都恰到好处。

世博园区的建设规划方案在综合了步
行适宜距离、人体认知度和参观者认知度等
要素后,设计了园、区、片、组、团五个层
次的结构布局。"园"是指 5.28 km² 用地范
围;"区"是指收取门票的 3.22 km² 围栏区域
(不含水域);"片"是指编号为 A,B,C,
D,E 的 5 个功能片区;"组"是指 12 个用
地规模 10 000 ~ 15 000 m² 的展馆组;"团"
是指 26 个平均用地 20 000 ~ 30 000 m² 的展
馆团,每个展馆团可以布置 40 ~ 45 个办展
单元。园区按方便和就近原则,设置小型餐
饮、购物、电信、测试、母婴服务等公共设
施。图 1-2 为上海世博会围栏区 B 片区主
要场馆。

1.1.4 世博会前要解决世博会后的事情

世博园区的后续利用一直是历届世博会的热议话题,规
划不好,就成了主办城市的沉重包袱。本土规划师对处理好
世博与城市未来的发展有更热切的追求。世博会总规划师吴
志强认为,"城市的发展是一个长期的过程,世博会是一个短
期的活动,如何把长期的持续发展和短期的全球性大型活动
结合好,是世博会成功与否最重要的要素。"通过一个大型事
件,给城市留下永久性的财富,让城市得到一次历史性的提
升既是园区规划的指导思想,也是园区规划中要一项项落实
的内容。

吴志强说:"世博会前要解决世博会后的事情。我在思考
上海在战略上最需要什么,把现在和未来上海可以承担的项
目都捆绑在一起。我们先做 2020 年的场馆规划利用,再开始
做 2010 年的。可以说,这些场馆在会后的用处很明确,目前
只是先'借'给世博会当场馆用。"

按照上海世博园区的建设和后续利用规划,世博会闭幕
后,园区和场馆要向五个方面转变:第一,园区中原江南造
船厂历史建筑及部分优秀展馆主要以文化展示交流为核心功
能;第二,一轴四馆及宾馆等服务设施用以满足会议、展览、
住宿等需求;第三,世博场馆转为文化演出场馆;第四,世
博园区被利用的老工业遗产建筑,再次将其变为创意园区用
房;第五,世博村将成为各国领馆在上海的官邸。

以上预想在世博会结束后就开始具体落实,四个多月后
的一天,即 2011 年 3 月 15 日,上海市规划和国土资源管理
局正式公布《上海世博会地区结构规划方案(草案)》(以下
简称"草案"),公示 3 个月,吸取社会各界意见。"草案"指
出,上海世博园区的后续利用将形成"五区一带"的功能结
构,"五区"分别为:①文化博览区,用地为浦西原江南造

船厂地区；②城市最佳实践区，即原浦西城市最佳实践区地址；③国际社区，用地为浦东世博村；④会展及其商务区，区域即浦东一轴四馆地区；⑤后滩拓展区，即浦东后滩地区，规划布局为城市可持续发展预留的战略空间。而"一带"指的是滨江生态休闲景观带，主要由世博园区内黄浦江岸边的绿化带构成。

1.2 主题馆的世博功能与后续规划

1.2.1 关于世博会的"主题"

上海举办世博会，让"主题"成为了一个热词。

通过上海世博会，很多国人开始知道，世博会不是原来印象中的展览会、展销会、交易会，而是围绕一个人类共同关心的主题展开的文化、科学和技术的交流。人们也了解到，世博会举办已有160年的历史，而这种主题展始于1933年美国芝加哥世博会。其实，并不能说1933年之前的世博会没有主题。自1851年在伦敦举办的首届世博会起，展示各种工业产品和新的发明，体现的是工业文明和人类社会进步历程，这可以说是历届世博会普遍的隐性主题。只是自芝加哥世博会起，主题问题受到重视，并被明确化、个性化、特质化了。

在主题展出现之前，一届届展会随着人们认识和实践范围的扩大，发明和创造的物品越来越多。组办者应用了从植物分类上创造的分类学，将展品分类展示。后来由于展品越来越多，类别越来越复杂，人们才想到摒弃这种全而杂的展示模式，采用确立主题、围绕明确的主题来征集和布置展品的办法。

芝加哥世博会的举办是为了庆祝芝加哥建城100周年，组织者们经一系列会晤商讨，最后达成一致意见，那一届世博会侧重展示芝加哥100年来在科学和工业方面的进步，由此确立以"世纪的进步"为主题。发展到20世纪末21世纪初，主题的提炼多超越了主办国一方的热点，以全球性的热门话题为主题。

纵观世博会"主题"，发现它已不仅仅是一个"概念"，它很有能量，很有生命力，也经历了历史发展。

说"主题"很有能量，以芝加哥世博会为例。明确的主题具有很强的号召力和导向性。为了表现"世纪的进步"的主题，展馆建设采用了当时正在兴起的包豪斯现代风格；展会首次设立企业馆，大工业、大企业都愿意自己出钱建造展馆，既有利于展示自己，又为主办方节省了资金。这也开创了参展方自建场馆的模式。主题体系建立后，好比文章有了标题，对历届世博会有很强的导向作用。

说"主题"很有生命力，从它被主办国所重视和被参展国所拥戴的程度可以看出。主题一届届被提炼、挖掘出新的内涵，生生不息，进而又被国际展览局用条款规范。主题依托于一届届世博会，有数以千万计的直接受众面和更大的间接受众面，更具影响力。

说到"主题"的历史发展经历，标志点是1994年。这一年国际展览局出台了规范世博会主题体系条款。而之前，虽然"主题"被提出，各举办国和参展国却一直是按照自己的理解去演绎、表现的，可谓见仁见智，"各行其是"。有了国际展览局的权威条款，不仅主题推进工作有了原则和要求，而且怎样提炼主题也有了明确要求。如要求对世博会的合理主题和目标应有清晰精到的解释，应标明其内容是有道理，有深远意义的；要求列出各种可能的与世博会主题相关的活动和产品，所有分类都不应"游离"主题等。条款出来后，申办世博会，要回答国际展览局 12 大类共 58 个问题，其中有两类 10 个问题有关主题本身。

进入 21 世纪，世博会的展示手段和主题演绎形式发生了很大的变化，"主题"的至尊地位和先导作用更加凸显。"主题先行"的特征十分明显，主办者把很大的精力和注意力花在主题提炼和主题演绎上，让建设规划和布展设计都落在主题的旗下，步步紧跟。

2000 年，汉诺威世博会是会展强国德国在国内第一次举办的大型综合类世博会，主题是"人类—自然—科技—新生的世界"。展会不像往届世博会那样侧重展示成绩和各类成果，而是回应了人类 21 世纪在环境方面所面对的主要挑战，提出了人与自然在可持续的条件下共存的原则。展厅用声、光、电在荧屏展现影像、音像，吸引广大观众关心和深入参与全球性问题，共同寻找战胜挑战的答案。

2005 年，爱知世博会确定了"自然的睿智"的主题。举办国和参展国也都用各种高科技手段展示对大自然的理解、尊重和利用，紧紧扣住主题。

传统的展会形式在世博会上已真正让位于主题演绎，让位于为全人类所共同接受和关心、具有普世价值的主题展示，让位于理念和文化的展示。世博会也展示物品，但这些物品多是具有主题象征意义的，是为主题服务的。世博会上展示的新技术，不是为展示而展示，而是为诠释主题服务的。人们虽然也在看，在听，但更多的是在世博会营造的欢乐、新奇、震撼的环境和气氛中不知不觉地体验主题、感受主题和理解主题。

1.2.2 上海世博会上的5个主题馆

1928 年，国际展览局成立时制定了《国际展览公约》，公约开宗明义指出举办世界博览会的目的，第一章第一条指出：世界博览会是一种展示活动，无论名称如何，其宗旨在于教育大众。它可以展示人类所掌握的满足文明需要的手段，展现人类在某一个或多个领域经过奋斗所取得的进步，或展望未来的前景。

上海世博会的主题"城市，让生活更美好"是世博会历史上第一个关于"城市"的主题。组织者希望通过该主题传导以下价值和实现以下目标：一是展示全球城市发展进入"城市时代"新阶段所面临的挑战；二是促进对城市文化与自然遗产的保护和继承；三是交流和推广可持续的城市发展理念、成功实践经验和创新技术；四是寻求发展中国家健康的城市化道路，交流城乡互动经验与范例；五是促进人类社会的交流、融合和理解。

上海世博会为此设立了 5 个主题馆，即城市人馆、城市生命馆、城市地球馆、城市足迹馆和城市未来馆，5 个馆分

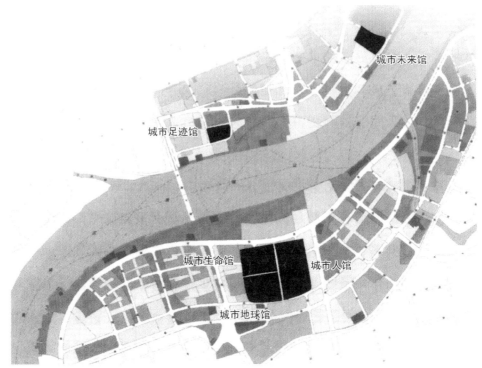

（a）5个主题馆平面布置图

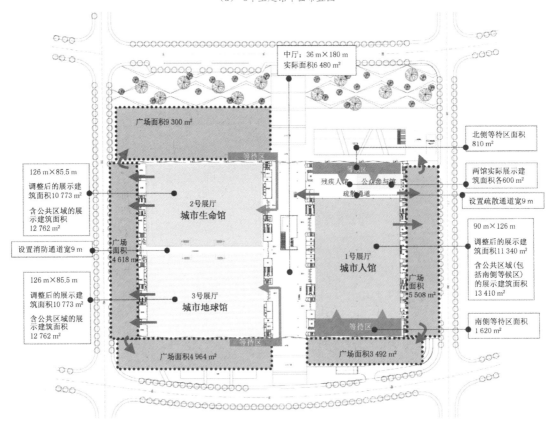

（b）城市人馆、城市生命馆、城市地球馆展馆布置

图1-3 5个主题馆的主要概况

布在 3 个地点（图 1-3）。前 3 个馆共处一处，在浦东一轴四馆区域的新建场馆，后 2 个主题馆则在浦西，分设在两处改造过的老工业厂房内。主题馆是世博会核心场馆，如果说别的场馆还可以对主题的诠释不那么直接和显性，主题馆则必须将所承载的"主题"淋漓尽致地传达出来。

5 个主题馆所传达的"主题"如下：

城市人馆（图 1-4）：城市化过程要以人为本，尊重和顺应人的各种需求，人的全面发展是城市可持续发展的前提。展馆由此展示了来自美国凤凰城、荷兰鹿特丹、非洲瓦拉杜古、巴西圣保罗、澳大利亚墨尔本、中国郑州 6 座城市中的 6 个真实家庭的影像，深刻反映人和城市的宏观和微观关

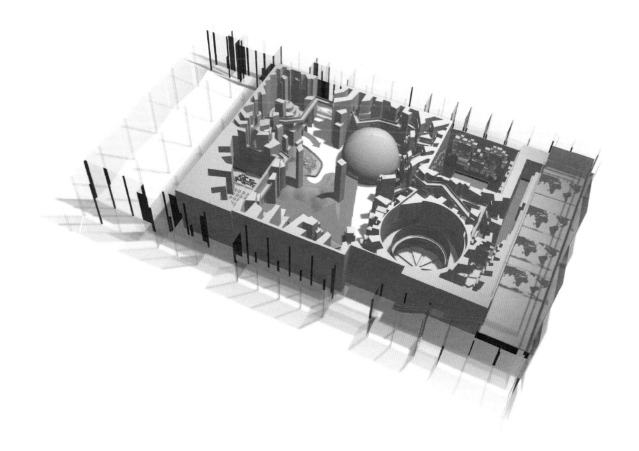

图1-4 城市人馆

系。展馆位于 B 片区主题馆内，以人的需求与发展为主线，讲述城市中"人的故事"。通过对世界五大洲 6 座城市中 6 个不同家庭的跟踪拍摄，将他们的故事嵌入"家庭"、"工作"、"交往"、"学习"和"健康"5 个展区，运用实物、布景与多媒体特效相结合的手法，营造出 11 个不同城市的景观，让参观者可以身临其境地了解城市人的不同需求，体验"人们留在城市，是为了更好地生活"。

城市生命馆（图 1-5）：城市如同一个生命活体，城市生命的健康需要全人类的共同呵护。7 块曲折的屏幕和 1 块 $1000\,m^2$ 的超大天幕带来 $360°$ 的全景体验，8 分钟的巨幕电影带来 5 个激动人心的故事。展馆用活力车站、循环管道、城市广场和生活街市来表现城市的四项健康体征，让观众感受一次城市生命之旅。展馆位于 B 片区主题馆内，以"生命"为主线，总揽城市的"生命之旅"。馆内通过高科技的手法，以隐喻

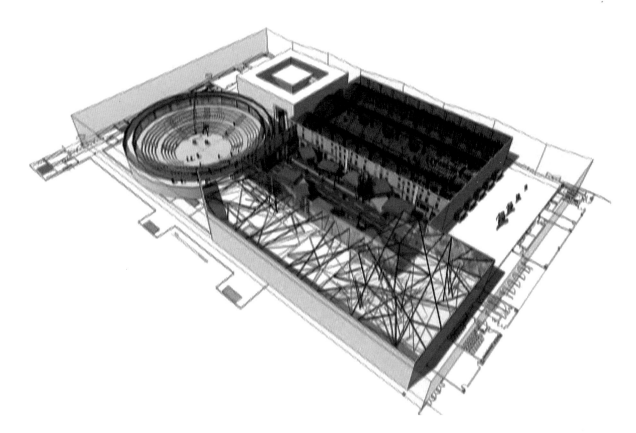

火车站是人们最熟悉的城市入口

城市代谢系统的运行状况

城市阳台--展示城市社区和睦和谐的互动装置

展示城市肌理，即各种真实的城市实体

图1-5 城市生命馆

的形式，表明城市如同一个生命活体，具备生命的结构和灵魂。城市生生不息，维系于代谢循环，依赖于精神力量，人与城市间的不断调适维持着城市生命和谐，城市生命健康需要人们共同善待和呵护。

城市地球馆（图1-6）：人类、城市、地球是共赢、共生的关系。展馆设置了一个弧形无缝拼接的屏幕，形成直径32 m的"地球"球冠。参观者模拟在高处鸟瞰地球，看到了地球"死去"后"重生"的一幕，亲自经历了地球"转危为安"的故事：新生的绿色地球因为污染、过度开发等原因渐渐变成黄色，之后变得干枯甚至燃烧起红色的火焰，而经过一系列拯救后，它再次回归蓝色。地球的"重生"直观地展现当今世界对城市及环境问题的认知、觉醒、转变与努力，让人类对自身行为进行反思。展馆位于B片区主题馆内，展示空间主要是两条对称的螺旋状坡道，参观者可以在其顶端俯瞰直径达32 m的巨型球冠。展馆内设置"城市蔓延"、"危机之道"、"蓝色星球"、"解决之道"、"我们只有一个地球"5个展区，分别讲述城市的发展与过度发展造成的生态问题，展现了人

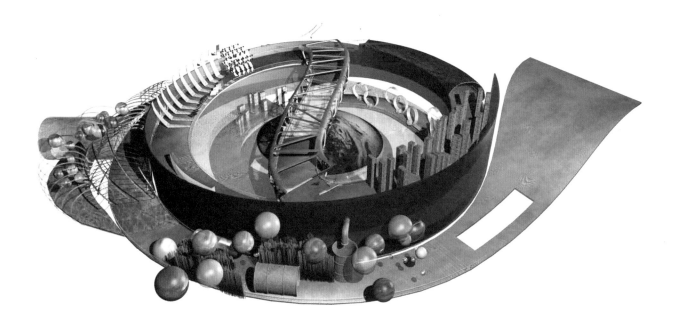

图1-6 城市地球馆

类对城市及环境问题的认知、觉醒与努力。参观者通过与展品的情感互动，可以认识到城市既是问题的制造者，也是问题的解决者。

城市足迹馆：探究城市历史的足迹，揭示人类义明的智慧。参观者看到了用新技术重现的唐代经卷和雕塑、京杭大运河边的生活、工业时代的生产大发展等历史画面，领略了中国、巴比伦、乌鲁克和亚述等几大古文明的风采，享受了穿越历史的快意。展厅搭建了"三朝帝都"伊斯坦布尔的实景，根据达·芬奇草图复现了一组城市模型。展馆分层次地展现城市的孕育、城市的成熟和城市发展的挑战。展馆位于D片区，融合了传统和现代的展示手段，以城市发展的时间顺序为主线，通过"城市起源"、"城市发展"、"城市智慧"3个展厅，分层次地展现诞生与崛起的城市元素、人文与转型的城市哲理、创意与和谐的城市智慧。

城市未来馆：梦想引领人类城市的未来。用植物树叶发电、机器人自动为人治病、酒店里每个房间都能旋转……60多项"未来"科技——展示在参观者面前。展厅被打造成一个斑斓的狂想世界，$500m^2$的超大可触摸屏幕，播映着一部宏大制作的动画电影。在这里，人们率先体验了未来城市的5个可能性。展馆展示了历史上人类对未来城市的梦想、设计与实践，表达未来城市是建立在对今日挑战基础上的理念。展馆位于E片区，馆内的展示以互动方式开始，邀请参观者畅想未来的城市，然后运用影片、书籍和雕塑等方式，展示历史上人们对未来城市的梦想、设计与实践，表明未来城市建立在今日挑战的基础上，并且畅想未来城市的各种可能，阐述推动人类进步永恒不变的精神元素。

1.2.3 名称为"世博主题馆"的建筑

上海申办世博会时承诺，要新建一个展示主题的场馆并作为永久性建筑，工程项目名称为"世博主题馆"。它为世博主题而生，因世博主题而得名。

主题馆的承建者是上海世博（集团）有限公司（简称世博集团），2004年2月18日由上海市政府批准成立。该公司在原上海东浩国际服务贸易（集团）有限公司（简称东浩集团）的基础上，由上海文化广播影视集团、上海东方国际集团等公司共同出资组建而成。东浩集团是全国首家大型综合性国际服务贸易企业，以会展、广告、进出口、物流等为主营业务，成立于1997年。东浩集团以建设极品工程、传世之作为定位，以"绿色"、"环保"、"低碳"的理念积极参与世博会策划、建设、运营及后续利用工作，完成世博园区"一轴四馆"永久性场馆中世博中心、主题馆的建设工作及中国馆的前期设计和地下工程建设工作。主题馆是整个园区率先竣工的场馆，并获上海市建设工程"白玉兰"奖和国家建设工程"鲁班奖"。

主题馆本质功能是展馆，但世博期间，它又不同于国内已有的任何一座展馆，它必须身兼短期和长期两重功能。短期为世博会主题展服务，长期为国际、国内大型展品展览服务。这两种展示功能对建筑的功能需求不尽相同，需要在前期就把功能转化的设计考虑进来并做好。

根据《国际展览公约》，历届世博会主题馆一般由举办国政府出资建设，属于"国家承诺"。主题馆总投资约 21 亿元人民币，资金全部来自世博集团发行的世博债券和企业自筹资金，没花国家和上海市政府一分钱，在世博会主题馆建设史上独一无二，这是上海承办世博会的一个创新之处。

2006 年，世博集团在上海证券交易所发行世博债券，首期共 15 元亿人民币，全部用于主题馆建设。世博集团成立的东浩会展经营有限公司（简称东浩会展公司）不仅承担世博会期间的场馆服务，世博会后也是主题馆的运营业主代表。这座建筑由企业自己借债投资，既要对世博会负责，又要对今后主题馆的运营负责，世博集团对其规划设计格外用心。

主题馆位于世博会规划区域核心区，处于世博会园区主入口的突出位置，是一个规模恢弘的建筑（图 1-7）。主题馆用地面积 15.2 万平方米。总体形象是一个简洁庞大又有典雅精致的矩形建筑（图 1-8），东西总长约 300 m，南北总宽约 200 m（图 1-9），地面两层，地下一层，总建筑面积 15.2 万平方米，建筑主结构高度约 23.5 m。整个建筑拥有六大主要功能空间，即西侧展厅、东侧一层展厅、东侧二层展厅、地下展厅、中部多功能厅和下沉式广场。另外还拥有贵宾厅、中小会议区、办公用房和公共餐厅等多个辅助功能空间。主

图1-7 主题馆地理位置示意图

图1-8 主题馆鸟瞰效果图

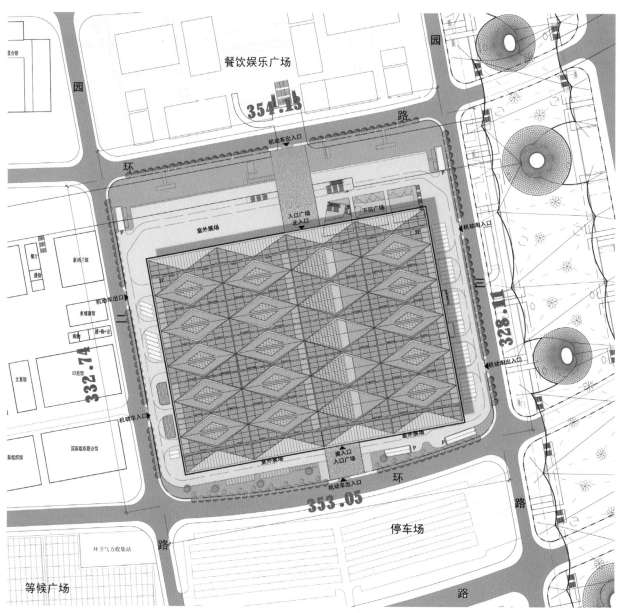

图1-9 主题馆平面尺寸示意图

题馆于 2007 年 11 月 10 日开工，2009 年 9 月 28 日竣工移交布展，历时 688 天，2010 年 5 月正式投入使用。

世博集团之前对主题馆规划进行了充分的论证。他们了解了历届世博会场馆的后续利用情况，从中得到经验并吸取教训。如 2000 年德国汉诺威世博会由于先期策划疏漏和后期行动不及时，使得 50 万平方米的展览面积空置了 9 年。

主题馆建设一定不能出现这样的情况，因为上海有很多展览等着要大场馆，而场馆面积不充足已经直接制约了会展企业的竞争力，也制约了会展业的发展。建主题馆不仅仅是为了满足世博会需求，长远的后续利用更是需要认真规划的，新建一个上规模的场馆是世博集团会后转型并迅速起飞的重要机遇。

1.3 展馆研究与分析

1.3.1 关于会展业

国际市场把会展业、旅游业与房地产业并称为世界三大无烟产业。所谓会展业即会议业与展览业的总称。许多资料都引用了关于会展经济影响力的描述：会展经济具有1∶9的概念，即展会收益比例为1，带动其他产业利润的比例是9；它被市场和企业誉为朝阳产业。近几年来，国内会展行业以年均20%的速度发展。目前，我国举办各类展会直接收入超过100亿元人民币，间接带动旅游、餐饮、交通、广告、娱乐、房地产等行业，使之收入高达数千亿元。当然，最知名、影响力最大的会展为世博会。

上海展览业发展迅速，每年举办的各类展览会超过500个。2010年，上海展览总面积已达800多万平方米，居全国各城市首位。其中，工博会、华交会、上海国际汽车展等更发展成为品牌展会，在国内外都具有相当影响力。2009年度的254个中等规模以上展会中，上海以47个位于榜首，北京以24个位列第二，广州以21个位列第三。上海已连续三年位列榜首。图1-10为上海展览功能区分布图。

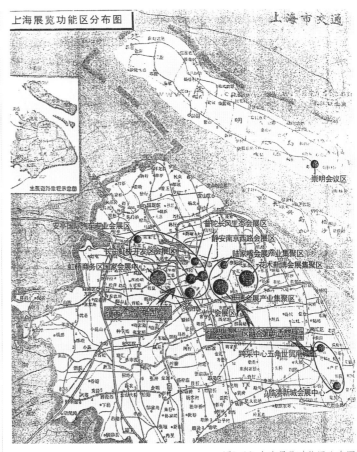

图1-10 上海展览功能区分布图

飞速发展的会展业和有限的展馆规模之间的矛盾日渐显现，缺少大型会展场馆成为上海会展业发展的瓶颈，总体面积不足与10万平方米以上的展馆稀缺是两大焦点问题。

在主题馆建设成之前，上海已有六大知名展览场馆，基本情况如下：

上海展览中心——主建筑建成于1955年3月，是新中国成立后上海最早建成的会展场所。占地9.3万平方米，建筑面积8万平方米，有42个多功能展厅，100多间会议用房，总面积达10 000 m²的办公用房以及影剧院、宴会厅、咖啡厅等。

上海国际展览中心——坐落于虹桥经济技术开发区，建成于1992年。两层楼面共12 000 m²，底楼厅高9 m，可以满足展商制作高展示物和眉板设计的需要。

上海世贸商城——1999 年对外开放，3.7 万平方米的展览场地与多功能会议中心，每年举办上百场国际国内短期展览会和大型会议。

东业展览馆——2002 年 4 月改建竣工，使用面积 8 500 m²，展览馆面积达 4 000 余平方米，可按块系分割，适合举办各类小型展览以及会务活动。

上海光大会展中心——全面扩建，于 2010 年完成。总建筑面积近 26 万平方米，由东、西两翼组成，并以空中走廊相连接，东馆为三组六幢高 30 层连体式大型综合建筑，包括 3 万平方米展览会议场馆、4 万平方米四星级宾馆以及办公楼、公寓楼、酒店式公寓。西馆是一幢三层大空间的标准展馆。

上海新国际博览中心——2001 年建成后进而扩建，现拥有 9 个无柱展厅，室内面积达到 20 万平方米，室外面积达到 13 万平方米。

尽管上海新国际博览中心经过改造，室内外面积已经扩大，但因上海总的展馆使用面积仍捉襟见肘，致使它的展馆常年使用率高达 70%，而国际上一般都在 50% 左右。上海的展馆至少还有 20 万平方米的缺口。

另外，从国际上看，当前世界级的会展业大国是欧洲的德国、法国、意大利、英国以及北美的美国，在全球会展市场上占有较大的份额。从世界上 25 个举办大型会议最多的国家分配情况看，世界上最大的展览场馆绝大多数都集中在欧洲。据 AUMA 资料显示。截至 2002 年 1 月，欧洲就有 24 个超过 10 万平方米的展览场地，其中，超过 20 万平方米的有 7 个。

世博集团要利用建造主题馆的契机，首先填补国内市场的稀缺和空缺，为上海向国际会展市场争取份额做好物质准备。他们填补稀缺的目标是主题馆的室内外展示面积要达到 10 万平方米以上，填补的空缺是主题馆要建一个超大面积的无柱展厅。

1.3.2 主题馆设计思想

世博会历来也是一个世博建筑精品的展示会。上海世博会有 45 个国家、国际组织和地区参展方自行设计和施工建造展馆，各家都努力打造出类拔萃的精品，让游客目不暇接，惊喜连连，对这场建筑盛会留下难忘的印象。主题馆当然也不例外，它宏大的气势不断挑战人们的视觉感受，近看它的端庄和精致让人不由感受到建筑的低调奢华。

主题馆国际招投标始于 2007 年 7 月 31 日。同济大学建筑设计研究院（集团）有限公司（简称同济设计院）中标，承担了主题馆设计总包任务。当时，世博集团对主题馆设计给出了三大目标：一是全面保障世博功能使用；二是打造生态节能绿色建筑；三是争创世界一流先进场馆。

总设计师曾群参与设计的作品曾获奖无数，但他认为主题馆设计是他建筑设计生涯中最耗心神的一次经历，也是受到感动最多的一次。甲方乙方为了做成一个精品，不计得失，毫无怨言，这样的事只会发生在世博园区的建设中。对于建筑，一般来说外行仅是看热闹。虽然被世人公认的好作品，表象的东西无须说明也会给观者带来视觉的享受，精神的愉悦，甚至带来更多的美好联想，传达深远的文化和价值诉求意义，但如果除了看到了建筑作品的热闹，还能解读出热闹后面的奥妙，将是一件更加令人愉悦的事情。

　　主题馆是由中国自行设计和建造的具有完全知识产权的国际一流标准场馆，创造了三项"世界之最"：一是西展厅为世界最大双向大跨度无柱展厅；二是 6 000 m² 东西立面垂直植物墙；三是屋面一体化 2.8MW 太阳能发电。这些都体现在了主题馆的整体设计思想中。

1.3.2.1 外立面设计

　　主题馆无论是为世博服务，还是世博会后的利用，它的基本功能都是用于展示展览。无论世博中还是世博后，都要求它在给出的土地上实现一个尽可能大的空间。由此，一个空间集中规整、体量巨大、形态平和的"长方盒子"出现了。

　　建筑师从来不是平庸的功能设计师，在满足功能需求、体现设计价值的前提下，在建筑设计上张扬个性，驰骋遐想是他们的本性。建筑师的功名高低、建筑物的声名毁誉更多地取决于建筑外在形态给予人们的视觉和心灵感受。处于展馆建筑形态争奇斗艳的世博园，主题馆更不可能甘于平庸。图1-11为主题馆立面图。

　　1. 解读"第五立面"的"城市肌理"

　　建筑除了围合的四个立面外，屋面被称为第五立面。无论中外，古典还是现代的建筑在第五立面的美学处理上颇下

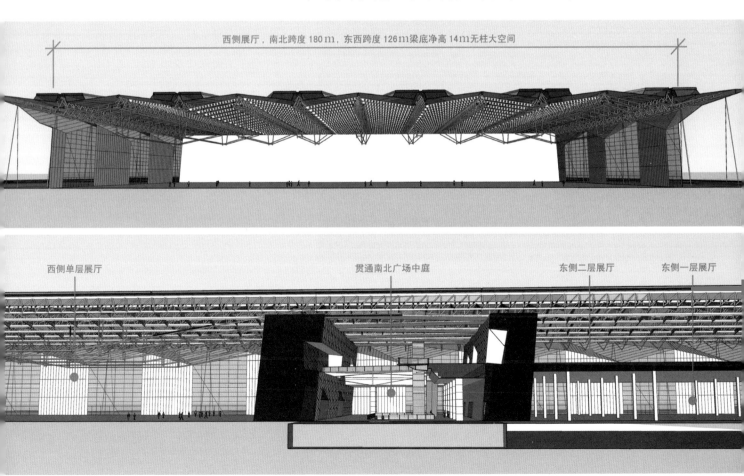

图1-11 主题馆立面图

图1-12 "里弄片段"

满足功能需求,也要体现主题思想演绎下的美学诉求。如果在高处看,"一马平川"的大屋顶必将大煞风景。要好看,又要契合"城市"的世博主题成了设计师们的思考焦点。冥思苦想中一张照片映入眼帘,这是一张上海里弄三层阁"老虎窗"照片,重重叠叠的屋顶图景俨然是一块"里弄片段"(图1-12),它是上海居民永久的石库门住宅记忆。突然冒出的"城市肌理"四个字像闪电一样激活了设计师的灵感,在主题馆上重现这样的"城市肌理"不是一个切题又美妙的构想吗?

"肌理"是绘画、设计中谈及艺术效果常用的词,它的本意指物体表面的纹理,即各种纵横交错、高低不平、粗糙平滑的组织构造特征,也是物体表面给人的视觉感和触觉感的体现。人们可以通过材质、工艺手法制作出不同的肌理效果,创造出丰富的外在造型。而"城市肌理"是一个被赋予了文化内涵的意象化的词,它的意向所表达的是上海城区"里弄片段"的实景。上海开埠后,从租界里开始兴建的石库门里弄住宅成了上海普遍的民居形式,其中沉淀了上海浓郁的百年风情。在"石库门"日渐式微的今天,它仍然是了解和理解上海城市历史的浓缩样本,懂得了它,也就理解了"城市肌理"所表达的意境。"里弄片段"被抽象提炼到屋面造型中,三角形"老虎窗"造就的起起

功夫,屋顶往往体现了建筑的时代特征、民族特征以及流派特征。没有学过建筑史的人也能很直观地从建筑的屋顶形式分辨出哪个是东方建筑,哪个是西方建筑。目前,现代建筑突破东西方界限,呈现千姿百态,第五立面也不再固定化,而它仍具有装扮城市景观的特质。主题馆限高在30m以下,不是很高,世博轴对面的中国馆和世博中心高度都在它之上。"长方盒子"的平面却很大,足足有6万平方米。建筑不仅要

伏伏的"纹理"被意象化为主题馆广阔的折线形大屋顶（图1-13），从功能上看，这样处理也有利于大面积屋面的排水。但"纹理"的意象并非如此表层，节能环保也是主题馆建筑的一项"职责"，大屋面还有安置太阳能板发电的重任。这样一来，折线形屋面就要铺上水平安置的太阳能板，"纹理"是否都将被掩盖？设计师自有化解的办法。

安置一块块太阳能板，屋面上设计了水平支撑。这支撑与屋面结构实现一体化集成，这在工艺上是一个省时省工的设计。屋顶太阳能板的立面呈现在设计中处理成阴阳花纹，阳处是蓝色太阳能板，阴处没有铺板，露出三角形的屋面及屋脊，可以看到乳白色的透光材质。花纹为两两相连的三角形合成的一对对美丽菱形。阴处的"菱形"状就是主题馆的自然光采光口，它是天窗，也可说是意象化的"老虎窗"（图1-14）。宽广的屋面有规则地高低起伏，太阳能板特采用了色谱不同的蓝色，更增加了阳光下的层次感（图1-15）。屋面具有了立体空间层次的造型，三角起伏的"城市肌理"若隐若现，任人猜测和遐想。站在高处端详，蓝天下的主题馆"第五立面"犹如风过水面，涟漪片片，具有深远的中国古典韵律之美。

图1-13 主题馆构思来源之一：城市肌理的"里弄片段"

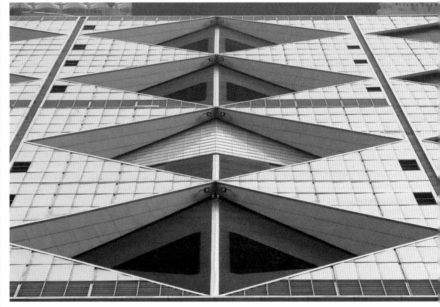

图1-14 屋面细部图

上海地方民居建筑特有的语汇结合节能环保的太阳能板传达了世博会"城市"和"生活"的主题，与主题馆的精神气质相得益彰。

2. 解读南北两侧大挑檐

2007年11月10日，主题馆开工建设，但外立面的方案还在修改审核中。"长方盒子"简单最容易造成单调的印象，

24

图1-15 阳光下的屋面

设计师不断修改和提出新方案，终于做出了他们自己也万分得意的设计方案。

　　除了被赋予了"城市肌理"意象的第五立面，南北两侧看到的大挑檐也十分出彩（图1-16）。两处各出檐18m的大挑檐原本是屋面的南北延续，是第五立面的有机部分。但在园区一般的视野里，它们构成了南北立面的独特景观。

　　场馆建筑如此深远的出檐，在世博园中独此一处。设计师的初衷是为在烈日高照和风雨交加天气等候参观的游客提供一个遮风避雨，挡住烈日的空间。而且，在"长方盒子"的顶部有了两个方向的出檐，自然为建筑外形增加了些许生动，破解了"长方盒子"绝对的"简单"。但设计师出檐的想法最初并不被认可，理由实际而直接：大挑檐的造价较高，在建筑空间上比较浪费，而且视觉效果也并不出众。

图1-16 主题馆大挑檐

图1-17 挑檐支撑结构

大挑檐构成的这个空间在建筑学中被称为"灰空间"。概念和名称首先由日本现代设计师黑川纪章提出。它指的是建筑与其外部环境之间的过渡空间，用以达到室内外融和的目的。比如建筑入口的柱廊、檐下等半室内、半室外、半封闭、半开敞、半私密、半公共的中介空间。在黑川纪章提出概念之前，中国民居中就有了很多廊棚一类的典型"灰空间"做法。中国传统木结构建筑出檐深远的坡屋面挑檐下形成的也是形态和功能特征兼具的"灰空间"。对于主题馆来说，为大量集中的人流设计南北两处半室外的舒适等候空间既符合"以人为本"的建筑设计原则，也符合"城市，让生活更美好"的主题。

要支撑起巨大的挑檐，设计师在挑檐的内侧和外侧设计了两处支撑结构（图1-17），并将它们合理美化，成为亮眼的建筑元素。

中国传统建筑中，有一组特别的木构件叫做斗拱，它对大屋面的出檐起着支撑作用，它以层层叠加的造型和整齐的排列美化了建筑立面，增加建筑的韵律感。中国唐代建筑特别以斗拱朴实雄大、出檐深远为特征。主题馆挑檐下也引入"斗拱"概念，只是造型被变异为具有现代美感的几何"三角体"。不过，"三角体"并不是实体，它只是被装饰板装扮成三角体的支撑结构。整体风格朴实雄大，成双成对地从檐面过渡到立面，顿时丰富了檐下的层次感，它们的出现，从视觉上也适当化小了立面的过于宽大（图1-18）。

18m的超大出檐，仅靠"三角体斗拱"不足以保证支撑的安全，设计师在挑檐的外侧增加了一排人字形的立柱（图1-19），经优化计算，它们以窈窕挺拔的身姿、毫不张扬地给檐面一个安全支撑点，大屋檐也因它们的举重若轻而显得轻盈灵动起来。

图1-18 挑檐的传统延续

图1-19 人字形立柱

图1-20 主题馆大门

3. 解读南北立面"折纸"造型和"窗口"

主题馆的大门开在南北立面,它们是游客最容易直接面对的两堵主立面(图1-20)。立面固然因为有了令人称道的"灰空间"而不寻常起来,固然有灵动的大屋檐、雄浑有力的三角体块"斗拱"以及纤细刚直的人字立柱为它添光加彩,但两侧大立面给人们感觉上的精美还不止于此。

仔细观察大立面,发现它们采用的是双层幕墙体系,内层用的是丝网印刷玻璃幕墙,外层悬挂的是不锈钢板材。一般来说,展览建筑要求室内具有均匀的光线,并不需要过强的自然光。因此玻璃幕墙外被加上了一层遮阳不锈钢幕墙(图1-21)。

图1-21 压花不锈钢幕墙细部

图1-22 南北立面的"折纸造型"

　　外立面用不锈钢板材是近年来很现代、很时新也很贵重的建筑材料。主题馆选用了一种来自英国的价格昂贵的英钢板，表面有深压花打磨肌理，花纹既形成了对光线的漫反射、折射，让金属光泽更加柔和，也能让人在近距离品味细节的美感。

　　虽然有了细节美，但大立面如果不再做一些造型处理，试想一下，站在中距离，一抹几千平方米平坦的大立面扑面而来，一定乏味又无趣，而且具有体量上的压迫感。设计师延续了屋面设计用过的折纸概念，再次将中国传统折扇的意象赋予南北两侧的幕墙，一进一出几条折线顿时让300m长的立面有棱有角、伶俐生动起来。看上去，墙体又像由几块竖立的三角体排成，与檐部的"斗拱"三角体和谐呼应（图1-22）。

　　中国传统文化中的"阴阳说"常体现在中国设计师整体的美学取向中，建筑设计中以虚实对照求得均衡美的手法很符合"阴阳说"要义。大立面如果平板一块，肯定乏味，原因在于阴阳不平衡。在建筑中，墙体被称为"实"，门窗则被称为"虚"，建筑立面的虚实得当，才能让人觉得顺眼，甚至养眼。主题馆大立面要进一步破解平淡乏味，就是让外层不锈钢板幕墙部分地"虚"起来，与留下的"实"达到"阴阳平衡"。

　　"虚实相间"说起来容易，但找到"虚"和"实"的合适比例是设计师需要着意探求的。主题馆立面造"虚"采用的办法是在一部分钢板上开孔，形状为方孔。方孔的尺寸有大有小，最大的1m见方，最小的边长20cm。大约从地面往上四五米的高度，是一条宽宽的、实实在在的钢板，它保证了主题馆看上去有敦实的基础。往上铺的钢板则玩起了虚实相间的手法，以方孔为观察标准，可以看到从下至上尺寸依次减小，也就是说，下部的孔最大，"虚"的面积也最大。越往上，孔越小，"实"的面积也越来越大了，从而形成了从虚到实的渐变图案。空虚的方孔露出了内层幕墙的玻璃，也透出了玻璃的反光。整面墙不仅因有了适当的空虚而透气了，轻松了，而且方孔和钢板组成的虚实渐变图让人领略到整齐而富于变化的节律之美。

至于说，做"虚"为什么要开方孔，而不是圆孔或其他什么形状的孔，是因为设计师始终把主题馆当作意想中的"城市"来处理，方孔是意象化的"城市人家窗口"。当夜幕降临，灯光亮起，可以看到，主题馆的大立面真的是一片城市万家灯火的景象。这种"窗口"的意象被一脉相承地引入室内的设计。中庭的大空间里，有方孔排列图案的铝合金板装饰了两大立面，在室内其他部件上也可以看到排列有致、大小不一的方孔强化着主题馆装饰的基本风格。在主题馆，人们不仅领略到格调一致的室内室外设计所带来的美感，也会领悟到，只要运用得当，简单的东西也可以很美，具有感召力，比如钢板上的方孔。

室外立面不锈钢板上"挖孔"，留下很多"废料"，不过这些材料一点都没有浪费，大大小小的方块被叠铺在地下一层的外墙上，凹凹凸凸，具有很特殊的质感效果（图1-23）。

4. 解读东西立面的"城市绿篱"和"节日火焰"

主题馆的屋面、南北立面的意蕴都已做了解读，接下来的东西立面又有些什么意蕴呢？因功能需求，东西立面应该做成实墙面，而不能像南北立面那样用玻璃幕墙加不锈钢板。它们的面积近 5 000 m²，这两块大立面西侧面对卢浦大桥，东侧面对世博轴、中国馆，是世博园区不可忽视的景观视觉焦点。主题馆东西立面的设计策略是引入"科技世博"、"生态世博"的概念，设计师将立面作为区域景观——"城市绿篱"来设计，也就是将墙面设计成攀援着绿色植物的篱笆，或者叫绿墙。

城市里，人们很早就懂得制造"绿墙"了，他们在房屋外墙的墙根种植生命力强的攀附类植物，如爬

图1-23 "窗口"造型及"废料"利用

图1-24 城市"绿墙"

图1-25 主题馆绿墙局部图

山虎、紫藤、常春藤等，任其快速生长，爬满墙面，既有一定的观赏性，又有遮阳防热的功效（图1-24）。近20多年来，绿墙被更多地引入建筑设计之中，而且是以盆栽的人工绿墙替代传统的自然绿墙，其中具有相当多的科技含量，如无土栽培的技术、营养基制造的技术、浇灌技术，以及更多的植物学知识运用。

垂直绿化是主题馆最引人注目的三大亮点之一，东西墙外表设计了一套一体化垂直绿化墙面系统，由金属结构、金属种植面板、种植土、绿化植物和滴灌系统组成，是目前世界上面积最大的垂直绿化墙面。

设计师没有满足于绿化，而是对绿色在墙面形成的图案经过认真思考，并落实于设计中。首先，支撑绿化的金属龙骨拼接被设计成菱形，在整面墙上形成篱笆似的网格状，有"城市绿篱"的意蕴，立面也由此立马显示出与屋面相呼应的菱形肌理，实现建筑纹理的统一性。其次，设计了不同的绿色植物参与绿墙的植物体系设计，其中有红叶石楠、亮叶忍冬、金叶六道木、花叶络石、金森女贞等耐旱耐寒小灌木。这些植物颜色深浅不一，按由深至浅的设计图案栽种，下部浓密，往上渐次稀疏，最后造成一片向上的蒸腾气势，整面墙的宏大绿色所要表达的正是"节日焰火"的构图，象征着城市的欢庆（图1-25—图1-27）。

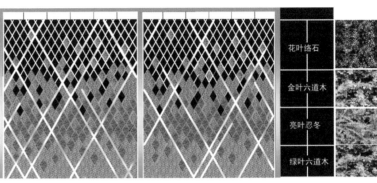

花叶络石

金叶六道木

亮叶忍冬

绿叶六道木

图1-26 绿墙的构图

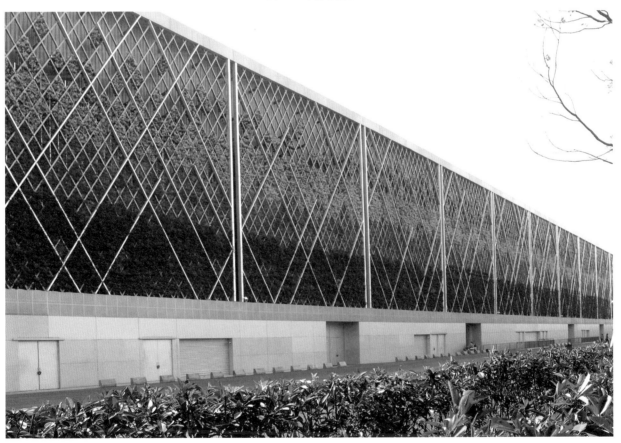

图1-27 主题馆垂直绿化效果图

1.3.2.2 主题馆五大室内空间

2006年初，世博集团定出的主题馆初步规划是，分两期建设，第一期建设完成4.5万平方米用于世博会期间三个主题馆的展示，第二期待世博会后再建3.5万平方米。不过，主题馆如果能在规划设计中一步到位，就能抢夺世博会后的市场先机。建设方和设计方经过再三研究，做出决定，场馆建设"两期并作一期"，这样大大压缩了主题馆后续功能转换的时间，使主题馆在世博会后，只要稍加改建，就能立即投入后续运营。

"两期并一期"的决定要求设计师把眼光放得更远，要求对主题馆近期和远期使用目标的平衡考虑得更周到。主题馆总的目标是在保证展示功能合理化的前提下追求面积最大化，具体要求是：通过设计，达到8万平方米的室内面积和4万平方米的室外面积。以什么样的空间分摊这些面积指标以及以怎样的方式把这些空间组织起来，是建筑设计的核心问题。

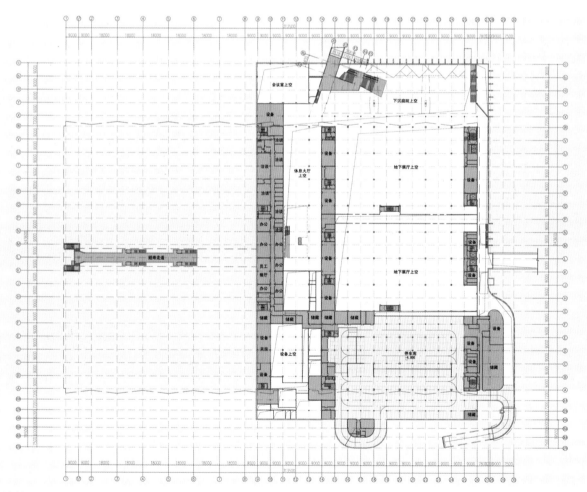

地下夹层
（−4.800 m）

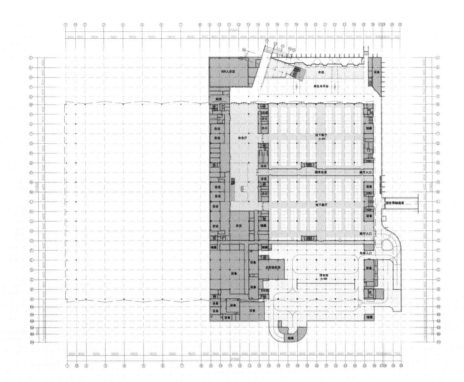

地下一层
（-9.00 m）

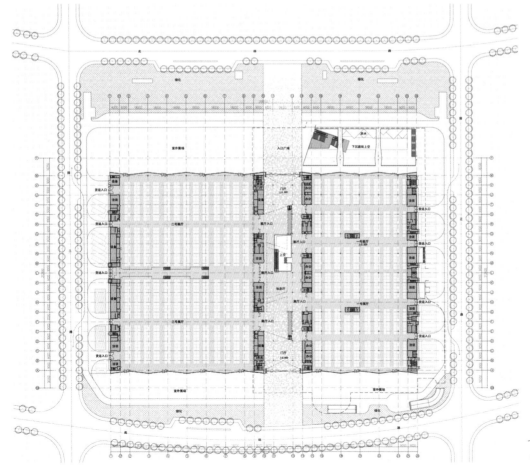

一层平面图
（+0.00 m）

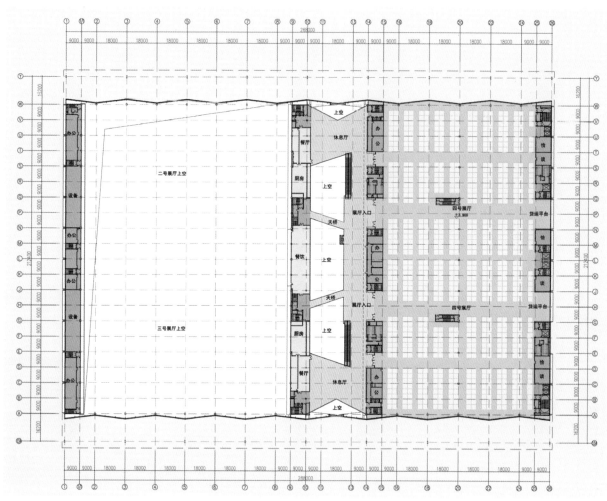

二层平面图 （+12.00 m）

图1-28 主题馆平面图

主题馆建筑的单体称得上庞大，但空间组织简单。室内主要有五大建筑空间，平面上看则是在一个长方形上画了两条平行线，分成了东、西、中三大块。图 1-28 为主题馆平面图。

1. 西侧大跨度无柱空间

五大室内空间中最引人注目的就是这西侧展厅，它不仅是主题馆的骄傲，甚至可以成为中国建筑的骄傲。它南北跨度 180 m、东西跨度 144 m，高度 14 ~ 22 m，组成一个平面约 2.5 万平方米的矩形超大跨度空间，相当于 3 个足球场大小（图 1-29）。特别让人称奇的是，中间竟然没有一根柱子，是目前世界上面积最大的双向无柱展厅（图 1-30）。厅内地面每平方米可承重 3.5 t，真正是展厅中的"翘楚"。世博会主题展为这超大展厅的诞生创造了机遇。展厅在功能上要满足以下四个目标：

一是满足主题展巨型布展需求，世博会期间西展厅被分割为二号展厅和三号展厅，分别展示"城市·生命"和"城市·星球"主题，其中的布展极其恢弘。

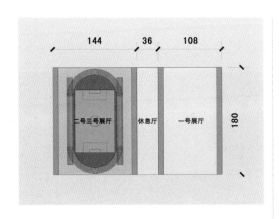

▲ 二、三号展厅相当于1个足球场

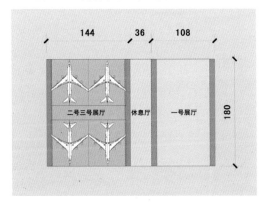

▲ 二、三号展厅相当于4个停机位

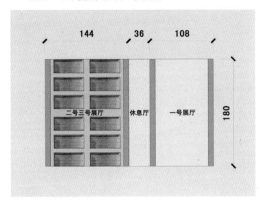

▲ 二、三号展厅相当于12个标准游泳池

图1-29 空间尺度的突破

二是满足以后的大型与超大型工业、交通机械产品以及航空产品的展示需求,而上海现有场馆很难满足这方面需求。

三是解决上海难觅万人大会堂的窘况,为举行万人大会或歌舞演出提供临时的室内会场。

四是开拓使用功能,满足社会需求,必要时临时改造成体育比赛场馆,甚至做游泳馆。

无论世博会期间还是期后,无论用于展示还是聚会,总而言之,建设者心目中要把西展厅打造成上海的"城市客厅",以超大的容量接纳八方来客,以超大的空间承担重量级的展会活动。

2. 东侧三层空间

看主题馆东侧立面图,有3层,即地下一层,约1.2万平方米,高约9 m;地上一层,约1.7万平方米,高约12 m;地上二层,约1.7万平方米,高约10.6 m(图1-31(a))。世博会期间,东展厅地上一层与二层之间贯通,作为单层使用,通高21 m,东展厅在世博会期间用作一号展厅,展示"城市·人"主题。世博会期间在北侧还分别设置了一个阳光生命馆和一个公众参与馆。地上第二层在世博会结束后完成加层,东侧两个层面及地下一层这三个空间可以承接中型工业、交通机械产品以及轻工业产品展示。

3. 中庭核心休闲空间

主题馆中庭(图1-31(b))南北长近200 m,东西宽36 m,从地面延续到地下,上下贯通最高处近30 m,建筑面积约7 000 m²。中庭除了作场馆内主要的交通通道和核心休闲区域,其宽宽的廊道在世博会后可以布置服务和商业设施,举行小型的展示会。

延续至地下一层的空间,布置了会议区。靠近下沉广场处设计了一个可容纳500人的多功能厅,厅内可以灵活隔断成所需要的空间。在地下夹层处设计了办公洽谈区(图1-32)。

图1-30 主题馆西展厅

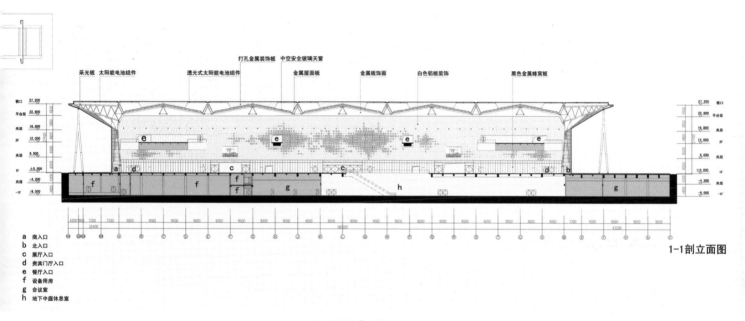

采光板　太阳能电池组件　　透光式太阳能电池组件　　打孔金属装饰板　中空安全玻璃天窗　　金属屋面板　　　金属板饰面　　　白色铝板装饰　　　　黑色金属蜂窝板

a　南入口
b　北入口
c　展厅入口
d　贵宾门厅入口
e　餐厅入口
f　设备用房
g　会议室
h　地下中庭休息室

1-1剖立面图

(a) 主题馆东西剖面

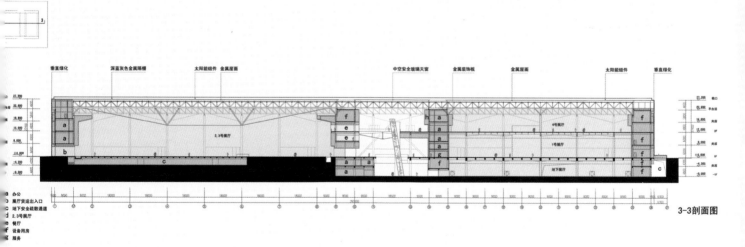

垂直绿化　　深蓝灰色金属隔栅　　太阳能组件　金属屋面　　　　　　　　中空安全玻璃天窗　　金属装饰板　　　金属屋面　　　　　太阳能组件　　　垂直绿化

办公
展厅货运出入口
地下安全疏散通道
2,3号展厅
餐厅
设备用房
服务

3-3剖面图

(b) 主题馆中庭剖面

图1-31　主题馆剖面

图1-32 展厅配套功能

图1-33 南立面挑檐

1.3.2.3 人性化和便利性设计

主题馆规划设计在世博会期间日均参观人数可达12.5万人次,同时在馆内人数不超过1.8万人。因世博会开馆时间长达12小时,主题馆经受了超负荷考验,实际日均人次16万。要接待如此庞大的人群,并保证参观者滞留和出入安全,主题馆管理者的引导、服务到位十分重要,而场馆的流通空间和滞留空间设计合理则是安全的前提。主题馆不仅是超大的展示空间,也是超大人流的容纳空间。人流是衡量展会成功与否的重要标志之一,但人流多也最易造成安全的隐患。主题馆以一流场馆的标准为参观者做了诸多便捷性和舒适性的设计,从场馆的硬件方面首先避免或缓冲了人流压力以及由此产生的种种心理不适。参观者在主题馆除了看到了精彩的展示外,还欣赏和享用到人性化设计的便利。

1. 大挑檐

人性化、便利性设计之一是大挑檐下的"灰空间"。南北两处的"灰空间"总共达到一万多平方米,在一个单体建筑中特为人群准备了如此大的挑檐空间,实为罕见。大挑檐为排队等候进馆的参观者遮风避雨,挡住烈日(图1-33)。虽然进主题馆参观要等待很长时间,但在大挑檐下精美的空间中等候,一定程度上缓解了人们紧张和焦虑的情绪,为后期的参观引导做了良好的气氛铺垫。

图1-34 主题馆中庭

2. 中庭

人性化、便利性设计之二是中部多功能厅,即中庭。它在南北为参观者设两个入口大厅,世博会期间是参观者排队进入主题馆内休息等待的主要场所(图1-34)。

中庭是主要的流通空间,它贯通南北,接天入地,布置了竖向观光电梯筒、横向天桥、斜向自动扶梯等交通设施(图1-35),这些承载人流的设施从建筑艺术看造就了大中庭的动感元素,从功能上看,满足了主题馆的大人流通行。

沿南北向主轴看,空间序列依次布置了入口玄关、空中天桥、观光核心筒、下沉式中庭、空中天桥、入口玄关,流线清楚,建筑上的纵深感很强。出了南北大门,该流线直接与主题馆外的南北广场相连,很方便。流线虽然不复杂,但感觉很长,于是沿中庭左右两侧,规划设计了相应的辅助和便利设施,如母婴休息室、办公场地、会议室和VIP接待室等空间。

中庭也具有滞留空间的功能,它是主题馆室内空间景观的主要体现,统领着整个室内设计构思和风格,上下左右很有引人注目之处。向上看,顶上是大屋顶留下的天窗,乳白色的光柔和地透进来;向下走,多功能中庭空间延伸到地下,−9 m标高的地下部分围绕休息厅设置小、中、大、等各种规格会议区和内部办公区,满足大型布展活动进行时会

自动扶梯、竖向观光电梯

横向天桥

图1-35 中庭的交通设施

图1-36 下沉广场

议、商务谈判、小型宴会等不同功能。

3. 下沉广场

人性化、便利性设计之三是下沉广场（图1-36）。位于主题馆东北侧的下沉广场是世博会园区内唯一一个集交通、景观、休闲、娱乐为一体的大型室外地下功能空间，它东西长100 m、南北宽40 m，设计了水景、木平台、天桥、大台阶等观赏性和应用性结合的设施，还安装了降温水喷雾、休息座椅等，成为该区域稀缺的户外资源。4 000 m²

的下沉水景广场，将地下 -9 m 标高的展厅和多功能中庭空间联系起来，改善了地下空间的消防疏散、采光通风，并与北侧地下人防空间、东侧世博轴连通，构成了具有强烈场所感的休闲集散空间。世博会期间为日均16万人次的主题馆参观者提供了休息与等候场所，世博会后它将成为联系地铁、"一轴四馆"其他建筑的重要交通枢纽和举办各类活动的室外场所。

4. 辅助空间

利用建筑高度在侧翼部位设地上夹层、地下室夹层，在这些夹层区域布置了各类用房，如中小会议区、办公用房、公共餐厅和贵宾厅等多个辅助功能空间以及设备安置空间（图1-37），世博会期间用其中的空间专设国家元首接待厅2个。主题馆共拥有机动车地下停车位700多个，地面停车位100个，其中集卡停车位40个，中型货车停车位20个。

东侧地上一层和二层展厅之间的楼板应世博会布展要求，先期施工没有完全封闭，仅封闭了其中的5 150 m²，这块场地主要作为世博期间的交通枢纽与服务咨询之用。地下层展厅设有专用车道，货车可直接到达，十分方便。

1.3.2.4 绿色生态和节能环保设计

2009年6月5日，上海世博会事务协调局与联合国环境规划署联合发布了《中国2010年上海世博会绿色指南》，该指南倡导资源节约、环境友好的核心理念，提出了非常具体的"绿色"管理要求和行动指南，在场馆建设方面，则要求尽可能地按照绿色建筑的标准进行考虑，减少能耗、水耗等。

这个指南的内容对于早在2007年11月开工的主题馆来说是不是来得太晚了？其实不是。自欧盟于1992年签署了《马斯特里赫特条约》后，设计绿色建筑已成为世界设计师的一项新的职业使命。研究和实施绿色建筑技术被视为建筑师的职业要求。主题馆设计立足于在建筑的寿命周期内最大限度地节能、节地、节水、节材、保护环境和减少污染，将中国绿色建筑评价指标体系的六项指标予以集成运用，在每一项指标后面都呈现有具体细节。以下做详细解读。

1. 节地与室外环境指标

相关技术具体体现在地下空间利用、铺设透水地面、制作垂直绿化墙面与布置景观绿化等三个方面。

1）地下空间的利用

主题馆在限高20 m左右的前提下，要扩大对空间的利用就要向地下要空间，面积达5万多平方米。地下空间不仅被大量利用为后勤办公区、设备区和车库，还开辟了3 000多平方米的会议区，增添了一个1.2万平方米的标准展厅。建筑东北侧设置的室外下沉广场面积达5 000 m²，改善了地下空间的采光通风和人员疏散系统。地下空间的北侧与人防空间相通，往东与世博轴地下车库相联系，从而形成与地铁8号线、世博轴、中国馆相连的整体地下空间的开发利用。满足评价指标中关于"开发利用地下空间，如利用地下空间作公共活动场所、停车库或储藏室等用途"的要求。

2）透水地面的铺设

主题馆外场硬地分为车行道路、室外展场、人行广场和绿化步行道。场地景观设计中约2.2万平方米道路展场选用排水沥青路面，约600 m²的绿化步行道选用透水砖，透水地面占总路面的49.7%，路面透水性良好，雨天路面基本无水，满足了评价指标中关于"住区非机动车道路、地面停车场和其他硬质铺地采用透水地面，并利用园林绿化提供遮阴，室外透水地面面积不小于40%"的要求。

图1-37 辅助空间

3）垂直绿化墙面与景观绿化的制作

主题馆东西两建筑立面单面长190m、高26.3m，采用了绿化隔热墙，总绿化面积近5 000 m²。所设计的垂直绿化在夏季阻隔热辐射，降低外墙表面附近的空气温度；冬季又不影响墙面吸收太阳热辐射，同时形成保温层，降低风速，延长外墙的使用寿命。绿色建筑评价指标对大型公共建筑的生态节能设计倡导的重点就是运用新型的保温节能维护体系。

评价指标对景观绿化及其植物选择也有要求，主题馆场地绿化设计则完全达到这些要求。如采用草坪、灌木和乔木结合的立体布置方式，草种选用俗称天鹅绒的细叶结缕草以及和马尼拉结缕草；绿篱灌木选用小叶黄杨、法国冬青、金叶女贞、椤木石楠等；形成多层次的植物群落。乔木均采用胸径40 cm以上的香樟、银杏。选用的植物耐候性强，病虫害少，对人体无害，并且对维护的要求少。

2. 节能与能源利用指标

相关技术具体体现在体形系数控制、建筑遮阳以及光伏建筑一体化屋面等三个方面。

1）体形系数控制

国家对严寒、寒冷地区建筑颁发有《公共建筑节能设计标准》，对其体形系数有要求。上海虽然不在此列，属于夏热冬冷地区，但相对而言，简洁的体形更利于节能。主题馆因此采用了简洁常规的矩形体量，在满足基本功能前提下尽量减少体形变化和外围护面积，体形系数计算值为0.1。

2）建筑遮阳

主题馆形体设计借鉴中国古代建筑"出檐深远"的特点，在南北方向设计了大挑檐，既为参观者遮阳挡雨，又能有效遮挡夏季阳光对建筑南立面外墙的直射，形成良好的遮阳效果，以达到节能的目的。而东西立面通过垂直绿化墙面，更是具有良好的遮阳效果。

3）光伏建筑一体化屋面

节能与能源利用指标在绿色建筑评价中占有最大权重，清洁能源利用为世博会所竭力倡导。主题馆屋面所采用的光伏建筑一体化设计，解决了荷载、防水、维护、造型、系统集成五大核心问题。所铺设的太阳能板面积达3.11万平方米，总发电量达到2.8 MW，年发电量可达284万度，每年减少二氧化碳排放量约2 500 t。以主题馆年用电量为1 100万度(按会展业最多工作日182天/年)计算，屋面太阳能板年发电量占建筑用电量20%。绿色建筑设计的指标要求是"可再生能源产生的热水量不低于建筑生活热水消耗量的10%，或可再生能源发电量不低于建筑用电量的2%"。主题馆的屋面太阳能板年发电量远远超过了指标要求。

3. 节水与水资源利用指标

相关技术具体体现在采用节水设备器具和雨水回收利用方面。

1）节水设备器具

主题馆供水系统竖向分两区，地下室、一层和一层夹层由市政直接供给，二层采用智能箱式泵站变频供水，以充分缓解市政给水压力，地下车库、室外道路、绿化浇灌及水景补水由雨水回收处理后由变频装置供给；生活变频泵选用高效、节能型水泵；公共卫生间采用感应式卫生洁具；坐便器采用容积为6 L的冲洗水箱（可节约用水1/3）。

2）雨水回收利用

主题馆屋面设计有雨水回收系统，收集约占1/4屋面的1.4万平方米的屋面雨水。处理工艺为：屋面雨水—雨水收集池（预沉淀及调节）—加药混凝—过滤器—杂用水清水池—用水点（室外绿化地面设雨水收集池300m³）。其中用水点包括屋面清洗、地下车库、室外道路用水、垂直绿化微灌和地面景观绿化喷灌及水景补水。

主题馆设计满足了节水与水资源利用指标关于"住宅建筑的绿化用水等非饮用水采用再生水和（或）雨水等非传统水源；绿化灌溉采用喷灌、微灌等高效节水灌溉方式。对公共建筑，要求绿化、景观、洗车等用水采用非传统水源"的要求。

4. 节材与材料资源利用指标

相关技术具体体现在可回收材料使用和废弃材料再利用方面。

1）可回收材料

主题馆地上主体结构采用钢框架结构，框架柱为箱形截面，局部设置柱间竖向支撑；东西展厅屋面结构采用了单层大跨张弦钢桁架结构，东展厅楼面结构采用双向平面钢桁架形式；屋面围护结构采用铝镁锰合金板＋保温＋铝镁锰合金板＋钢结构檩条＋铝合金穿孔吊顶；南北立面采用中空玻璃幕墙＋压花不锈钢板；东西立面采用垂直绿化＋镀铝锌彩钢板＋YTONG砌块（磨细石英砂＋水泥＋石灰＋石膏）；内隔墙均采用YTONG砌块和轻钢龙骨＋保全防火板以及成品玻璃隔断。另外，主题馆室内外装饰还大量采用了如铝蜂窝板、水泥木丝板、木塑复合材料等绿色建筑材料。

2）废弃材料再利用

主题馆废弃材料再利用的亮点设计主要体现在将外墙压花不锈钢板切割后的边角余料经设计，巧妙地运用到室内装饰中，代替大量室内装饰材料。为了采光和外观形象，主题馆南北立面在外层压花不锈钢板上开了许多方孔，其尺寸从下至上依次减小，切割出的方形不锈钢板共4108块，经过造型组合设计，它们大部分用在了室内地下中庭西立面和南立面的装饰面层，面积共计1410m²。其中200mm见方的不锈钢片尺寸最小，被用在了特殊设计的照明灯具上（图1-38）。

图1-38 外立面不锈钢钢幕墙方孔切割废料的再利用

绿色建筑设计对节材与材料资源利用的指标为："建筑造型要素简约，无大量装饰性构件；住宅建筑施工现场500 km以内生产的建材重量占建筑材料总重量的70%以上，公共建筑60%以上；在建筑设计选材时考虑使用材料的可再循环使用性能；在保证性能的前提下，使用以废弃物为原料生产的建筑材料。"主题馆满足这些指标。

5. 室内环境质量指标

相关技术具体体现在自然采光设计、自然通风设计、大空间气流组织方面。

1）自然采光

展厅和公共中庭是主题馆的主要功能空间。展厅在开展览会时都需进行专门的人工照明设计，对自然光的需求很小，一些光电展示甚至还要做遮光处理。但是，布展期间以及会后展厅作其他用途，自然光则是必需而不可替代的。主题馆展厅空间纵横跨度都在100 m以上，仅靠立面采光远远不够，因此，在屋面上结合太阳能板的空缺处适当设置了10处采光天窗，增加室内自然补光；同时在南北两立面采用玻璃幕墙外加开孔不锈钢板，侧面采光从上至下递增，配合展厅天窗，形成相对均匀的室内空间自然光环境。

中庭则主要依靠屋面半透的太阳能组件板与透明玻璃顶棚，再加上漫反射遮阳膜，透进均匀的自然光。正常天气下顶部透进的自然光完全可以满足功能需求。

地下展厅的东北面是下沉广场，广场东面设计有疏散通道，并设置采光通风井，这也为主题馆地下空间尽可能地提供了自然光线。

2）自然通风

主题馆展厅内通过大量外门、侧立面外窗和屋面自动排烟天窗形成良好的自然通风环境。以西展厅为例，展厅南北两侧各开有4扇宽4.2 m、高4.4 m的外大门，西侧开有5组

宽5 m、高4.5～6 m不等的外大门；南北立面12 m高处设计了14组宽3 m、高2 m的窗带；顶面沿主桁架设9条贯穿东西跨的自动排烟天窗。

3）大空间气流组织

在大空间里要使所安装的空调设备系统发挥作用，营造出良好舒适的室内环境，必须对空间的气流组织作精心设计，主题馆气流组织方案实现了在超大空间内风口均匀送风的目标，圆满通过了世博会期间的高温天气检验。

6. 运营管理指标

相关技术具体体现在为建筑全生命周期运营管理的各方面。此阶段开始对绿色建筑设计进行实际检验。主题馆内所采用的机电设备、通信设备和办公自动化设备种类繁多，是能源消耗的主要项目，主题馆有针对性地设计了空调智能化系统，给排水智能化系统，照明、能源智能化系统以及生活垃圾气体管道输送系统。

1）空调智能化系统

主题馆空调智能化系统的主要工作方法是实现空调系统的监视与自主控制调节。设计涉及冷水机组、热力站、送排风系统及变风量末端,做到:

（1）提高室内温度、湿度的控制精度,在所设定的精度范围内保障空调节能。

（2）计算和控制空调设备的最佳启停时间,保证在环境舒适的前提下,缩短不必要的空调启停宽容时间,达到节能的目的;在预冷、预热时,自动关闭室外新风阀,以减少设备容量压力,同时减少因获取新风而带来的冷却或加热的能量消耗。

（3）设计考虑了水系统平衡与高效变流量管理,通过空调系统智能化控制,动态调整设备运行,有效减少暖通设计时的设备容量动力冗余,从而减少能源的消耗。

2）给排水智能化系统

给排水系统设计采用了智能箱式泵站系统,根据各用水单位的用水量、所需的扬程和水箱贮水量等情况自动调整水泵设备的开闭及运行频率,使得在满足用水需求的情况下水泵设备始终处于最合适工况,减少不必要的电能消耗;而排水智能化控制系统主要是根据雨水高低液位自动合理调整雨水泵的运行工况。

3）照明、能源智能化系统

主题馆照明设计针对展厅、公共场所、会议区等空间的不同使用需求采取了相应的智能照明设计措施:

（1）在展厅空间设置专业照明控制系统,根据使用及功能要求达到分组、分区、分时段、分管理模式等进行节能控制,并且与楼宇设备自控管理系统（BAS）联网。

（2）公共区域及车库照明由楼宇设备自控管理系统（BAS）进行控制,达到分组、分区、分时段等进行节能控制。

（3）会议区设置专业灯光控制系统,根据会议要求对舞台灯光进行调光控制。

另外,主题馆电气系统设置了楼宇设备自控管理系统（BAS）,对空调设备、水泵、各类风机及其他用电设备进行能量自动控制、自动调节、实时监察、自动计量,以实现最优化运行,达到集中管理、程序控制和节约能源等目的;同时设置电力能源管理系统（EMS）,通过各种电气设备的接口及模块装置,用计算机对电力系统的各类参数进行监控和管理,以达到节能及优化运行的目的,并且与BAS联网。

4）生活垃圾气体管道输送系统

主题馆和世博轴、中国馆、世博中心、演艺中心构成的"一轴四馆"核心区设置了一套国内最大的垃圾气力输送系统。主题馆场馆内、外场地均分别设置有垃圾收集间和垃圾投放口并按可回收和不可回收分类,运送速度可达 60m/s。满足运营管理指标要求的"制定垃圾管理制度,对废品进行分类收集;设置密闭的垃圾容器,并有严格的保洁清洗措施,生活垃圾袋装化存放;垃圾站存放垃圾及时清运,不污染环境,不散发臭味;垃圾分类收集率达 90% 以上"的要求。

1.4 建筑设计结构体系

1.4.1 大跨度结构设计

自建筑发展到现在，人类就利用所掌握的各种科学原理，不断地挑战建筑的高度和跨度极限，也在挑战自身的创造极限。一般的人在超高建筑和超大跨度建筑面前震惊和赞美，赞叹的往往是它们的外在形体和空间，而对这些建筑更值得赞叹的地方应该是它们的内部结构——支撑起建筑外在形体和空间的结构，体现了人类的科技水平和科技进步。新奇的外在形体和空间是促进结构革命的原驱力，而新型结构的诞生和成功又会改变一个时代的建筑外貌和内部空间形式。从古至今，具有时代标杆意义的建筑背后，必定有特别的结构技术创新。

人类追求建筑的高度，除了发射塔等结构物有功能要求以及为提高土地容积率外，可以说更多是人们心理上的需求。高大的建筑物可以成为纪念性、象征性的物体，满足人们需要仰望或被仰望的心理。而人类追求建筑的大跨度，则主要出于功能的需求——人数越来越多的集会、规模越来越大的展览，需要有越来越大跨度的建筑空间。围起一个大跨度的空间很简单，但要在这个中间无柱支撑的空间上加盖一个屋盖，就非常不简单了。人们创造了很多新型的结构形式来实现大跨度屋盖的安全安置，又在这些成熟结构形式的基础上，继续不断地创新，实现跨度的更大进步。主题馆西展厅之所以能刷新跨度的记录，也在于它的结构体系在前人创造的基础上实现了新的突破。

1.4.1.1 屋盖选择了张弦桁架结构

建筑在向大跨度空间迈进中，着眼于减轻屋盖的重量，增强结构的强度，一些轻质高强的新型屋盖结构诞生了，出现了桁架结构、网架结构、薄壳结构、折板式结构、悬索结构等结构形式，而具体到每一幢要实现大跨度空间的建筑，则须从科学、合理、经济、美观等方面综合考虑选用合适的屋盖结构，并解决实际发生的种种矛盾与冲突。

主题馆要解决的大跨度结构问题，主要是西展厅上方的126 m梁以怎样的结构形式才能托起上面巨大的屋盖、安全有效地一跨而过。解决了西展厅，跨度小多了的东展厅就不在话下了。设计师们对影响屋盖结构的关键技术难题进行了深入分析，着重从屋盖结构的刚度、承载力、上下部协同工作性能、结构与建筑的匹配性四个方面来考虑选择怎样的结构体系。有3种结构体系进入他们的视线，被认为可以应用于主题馆工程，即单向张弦桁架体系（图1-39）、双向张弦桁架体系（图1-40）、巨型折板框架体系（图1-41）。经进一步分析比较和研究，最终选择了单向张弦桁架结构体系（图1-42）。

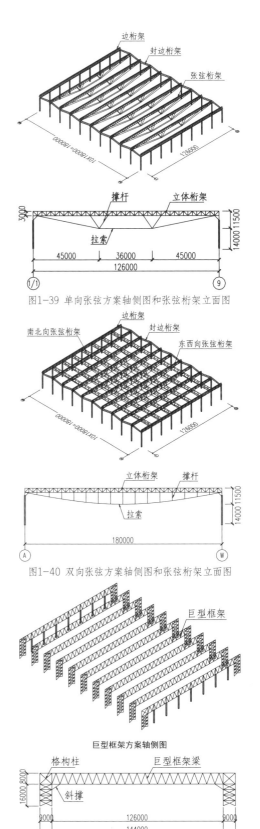

图1-39 单向张弦方案轴侧图和张弦桁架立面图

图1-40 双向张弦方案轴侧图和张弦桁架立面图

图1-41 巨型框架方案轴侧图和张弦桁架立面图

图1-42 西侧展厅屋面结构——单向张弦桁架

日本大学 M. Saitoh 教授最早提出大跨度预应力空间结构体系——张弦梁结构。这是一种区别于传统结构的新型杂交屋盖体系。它由刚性构件上弦、柔性拉索、中间连以撑杆构成混合结构体系。张弦梁结构体系简单，受力明确，结构形式多样，充分发挥了刚柔两种材料的优势，并且制造、运输、施工都较简捷方便。

主题馆选用了张弦桁架结构体系，其中的上弦刚性结构是桁架结构，所谓桁架结构是由受力杆件组合成的一种格构化的梁式结构，它与人们一般所见的实腹梁相比，同样的材料用量，具有更大的抗弯和抗剪强度，它大多用于建筑的屋盖结构，适用于各种跨度的建筑屋盖结构，而张弦桁架结构体系的抗弯抗剪强度则又超过单纯的桁架结构。

在张弦桁架结构体系的桁架之外还有两种构件，一种是下弦柔性钢索，一种是撑杆。上弦与下弦靠之间的撑杆连为一体，三件东西组成一个刚柔相济的力的自平衡体系。别小看钢索和撑杆这两种构件，桁架与它们组合以后，具有了更强的抗弯和抗剪强度。在主题馆的西展厅，沿东西方向共布置了 9 榀跨度 126 m 的张弦结构。

1.4.1.2 屋盖结构受到的挑战

张弦桁架结构能为大跨度空间服务是毋庸置疑的，但用在主题馆，还有很多问题需要解决，其他大跨度空间的成功经验，用在主题馆也要受到很多制约。在制约中的设计无疑具有更大的挑战性。

挑战之一是高度受限。主题馆126 m大跨度世界第一，一般而言，跨度大，承受大屋盖重量的结构体系的体量也小不了。然而，主题馆屋盖下的张弦桁架结构高度却受到多重限制，并不是想多高就多高的。主题馆总的高度在规划中被限制在26 m，而为了满足大型布展需求，室内净空高度又要求不小于14.3 m，这样一来，上面高不了，下面又不能低，夹在中间的屋盖结构还要考虑建筑装修等需要1~1.5 m的空间，这样高度就只能限制在11.7 m以内。国内其他跨度小于主题馆的建筑，其采用张弦桁架结构体系，结构的高度都达到13 ~ 14 m。

挑战之二是荷载增加，主题馆屋面的重量超乎寻常。与国内新建的一些大型展馆如哈尔滨会展中心、广东会展中心、深圳会展中心一样，主题馆采用钢屋面。所不同的是屋面的实际重量差别很大，其他展馆每平方米不超过30 kg；而主题馆的屋面上设置了太阳能发电系统，如果不考虑吊挂设备，屋面每平方米就约达60 kg，屋盖结构的荷载较同类场馆增加约1倍。

屋面超常规地重，而承重的屋盖结构体系体量却超常规地受限制，这是一个很大的矛盾。还有一个矛盾就是，支撑整个屋盖结构的钢框架结构侧向刚度有限，因此要求屋盖及其结构的重量不能超标，必须控制在钢框架所能承载的限度之内。屋盖重量基本是定数，支撑框架的承载力也基本是定数，所要控制的只能是张弦结构体系的体量，不能太高，不能超重。

另外，人们对大跨度建筑的形体也有很高的要求，并非满足于只要安全地把空间覆盖了就行，对屋面结构的室内效果有很多要求，比如，要求屋盖结构体系尽可能轻盈、简洁、通透，要摆脱大跨度屋面结构的厚重感；同时，又要充分展现结构的力度，置身于展厅中要能充分领略到结构之韵律美及先进结构技术造就的时代感。

1.4.1.3 用双索加V形撑杆创新张弦结构

主题馆针对以上难题——采取对策，在给定的条件下用创新技术化解矛盾。图1-43为屋面结构整体轴测图。

创新，是唯一的出路。西馆东西方向1轴到9轴为张弦桁架，跨度为126 m，间距18 m，共9榀，由上弦管桁架、下弦双拉索和撑杆构成（图1-44）。上弦管桁架截

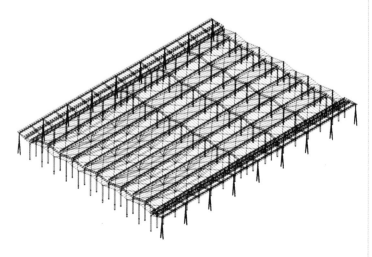

图1-43 屋面结构整体轴测图

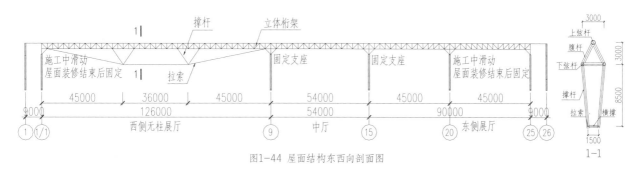

图1-44 屋面结构东西向剖面图

面为边长 3 m 的正三角形,设置方向不同于传统的倒三角。由此,下弦张拉两根拉索,间距 3 m,采用 1670 级 φ5 高强钢丝束索,规格为 PES C5-409,为镀锌钢丝双护层扭绞型索,外包双层 PE,两端张拉,索头采用热铸锚,单根索重 12t;距离两侧边支座各 45 m 处分别设置 V 形撑杆(图 1-45),撑杆上端与管桁架下弦铰接,两组撑杆间距 3 m;下端与索夹固接,两组间距 1.5 m。

图1-45 张弦桁架 V形撑杆

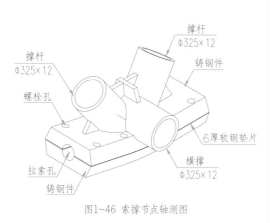

图1-46 索撑节点轴测图

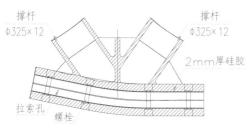

图1-47 索撑节点剖面图

该张弦结构体系成功达到世界第一大跨度,与国内外已建建筑的大跨度张弦结构相比,它的创新之处显而易见。

采用双拉索提高承载优越性。

首先,采用两根拉索提高了预应力力度,对结构的主动应力变形控制十分有效。经研究计算,桁架结构受承载后弯曲的程度可以大大减小。其次,索撑结构没有设置过多撑杆也是一个特点,每榀屋架仅设置两组 V 形撑杆体系。在空间布置上,两根拉索端部分别锚固在三角形桁架下弦节点上;两道 V 形撑杆体系布置在接近跨中的位置,设计师对双索和 V 形撑杆的关键节点构造都做了新的研究和设计(图 1-46,图 1-47)。这样布置后,拉索的预应力效率得到进一步提高,拉索张拉后带动撑杆上顶桁架,上顶作用相当明显,从而对上弦桁架产生明显的卸载作用。由此桁架杆件断面也可以大大减小,结构效率大大提高。整个结构的承载优越性也得到提高。

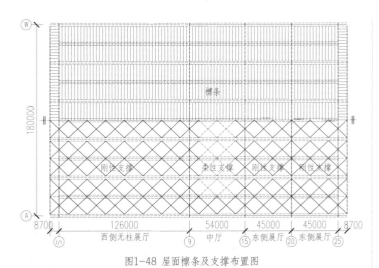

图1-48 屋面檩条及支撑布置图

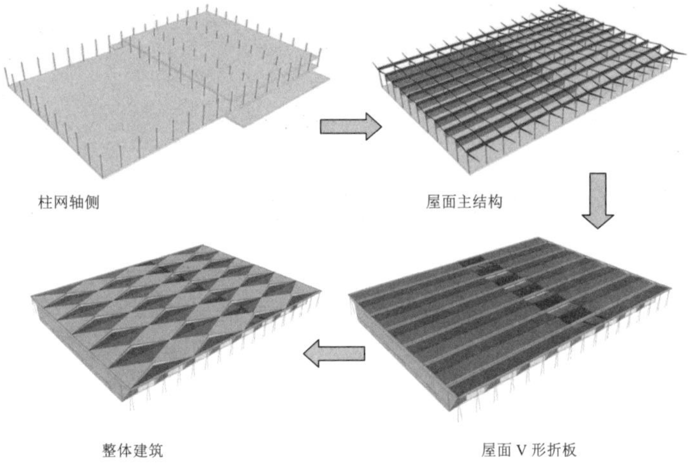

图1-49 主题馆建筑体系构成图

较传统多撑杆的结构体系，显得干净利落，简洁轻盈，视距阻碍小，给人耳目一新之感。索撑体系的造型设计，较好地兼顾了建筑的内部空间效果，为探索张弦结构体系的细部设计起到良好的示范作用。

另外，该结构体系上部刚性桁架结构采用正三角形结构，除了方便张拉两根悬索，而且也使得铺设屋面的檩条一端可以支承在桁架结构上弦，另一端则支承在它的下弦节点上，自然地实现了屋面的折纸造型（图1-48）。主题馆屋面沿南北方向由6个V形折板单元组成曲折屋面，每个折板单元的波长为36 m，矢高3 m，波脊标高为26.3 m，波谷标高为23.3 m，在V形折板表面，按菱形图案布置太阳能板（图1-49）。人们在主题馆之外的高处所看到和感受到的"城市肌理"、"里弄记忆"意蕴；也有双索V形撑杆张弦桁架结构体系的功劳。

特别值得一提的是，传统张弦结构过去只能用在弧形（拱形）屋面，而主题馆将该结构体系首次在平板型屋盖中应用成功，不能不说是一个创举，它的成功为今后扩大张弦结构应用范围提供了一个卓越范例。

当然，这一案例的成功，有赖于结构设计师创新而科学的设计以及对施工安装方法的研究。

最后的实际结果完全达到预想目标，屋盖结构高度控制在11.5 m，有效保证了室内预定的净高。而先于建成的、跨度相近的广东会展中心和哈尔滨会展中心展厅桁架的高度分别是13 m和14 m。主题馆的屋盖结构高度减低明显，由此较常规减轻重量，节省大量钢材。

2. 采用V形撑杆提高空间稳定性

用V形撑杆布置的索撑体系空间稳定性明显提高，这样的优化设计所产生的效果不仅强化了结构，保证了受力安全，也带来了良好的建筑视觉效果。一根拉索仅两对V形撑杆，

1.4.1.4 主体钢框架结构支撑选型和设计

主题馆除了以上屋盖结构设计以创新技术赢得挑战外,承载屋盖结构体系的主体钢框架结构压力不轻,在设计上也遇到诸多挑战。

挑战之一是由于建筑功能的需要,其结构为一错层结构,西侧展厅是单层无柱超大空间,东侧展厅及中庭为两层空间,且局部存在夹层,整个结构东西两侧刚度及质量明显不协调;同时,为了满足建筑室内空间使用以及屋面结构的整体性,主体钢框架结构不设缝,在水平地震作用下,整个框架结构将不可避免地会发生较大的扭转变形。

挑战之二是超长结构的温度效应问题较突出。主题馆东西向达到了 288m,超出了规范所限定的 150m,温度应力的影响不容忽视。

挑战之三是东侧展厅二层楼面荷载达到了 12 kN/m²,需要对楼面梁结构另外选型。

挑战之四是结构同时要满足建筑形式美观以及设备、管线安置和穿行的要求。

应对第一个挑战,要设置钢框架柱间支撑。如何设置,结构设计师定下三条原则,即对柱间做支撑选型的目标:一是有效提高结构的抗扭刚度重于增加结构侧向刚度;二是尽可能减小因柱间支撑的设置而导致的温度应力影响增加;三是与建筑相协调,减小柱间支撑对建筑功能的影响。

通过与建筑师协调,结构工程师初步确定了建筑允许设置支撑的位置(图 1-50(a)),但研究后发现,当支撑多布置于结构内部时,结构侧向刚度增加较多,而结构整体的扭转刚度却增加不多,没有实现前面第一个目标。随后,对原支撑布置方案做了优化,减少结构内部支撑数量,使结构满足整体侧向刚度的同时,最大限度地调高了其扭转刚度(图 1-50(b))。

应对第二个挑战,选择的柱间支撑方案在减小结构地震反应的同时,也应降低温度作用对结构的不利影响。有三种方案可供选择,即全刚支撑方案、全黏滞阻尼器支撑方案以及综合前两项方案的混合支撑方案。研究后表明:在地震水平作用下,混合支撑方案控制结构整体位移的效果强于全刚支撑方案,逊于全黏滞阻尼器方案;由于全黏滞阻尼器在温度作用下不产生静力刚度,所以包含有全黏滞阻尼器方案的混合支撑方案较全刚支撑方案受温度作用较小。经过充分比较后,主题馆钢框架柱间支撑最终采用了混合支撑方案(图 1-50(c))。

应对第三、四个挑战,对东侧展厅楼面结构做了合理选型。东侧展厅为两层钢框架结构,主要柱网尺寸分为 9 m×9 m 和 18 m×18 m。其中,柱网尺寸为 9 m×9 m 部分,框架梁和次梁采用焊接 H 形截面,上铺 130mm 厚压型钢板现浇混凝土楼面,不考虑次梁与楼板的组合作用。对柱网尺寸为 18 m×18m 部分楼面的框架梁,通过对桁架梁方案(图 1-51)和实腹箱梁方案(图 1-52)比较,最终选取了变截面实腹箱形梁方案

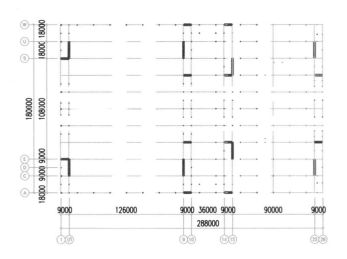

（a）允许设置支撑位置平面图

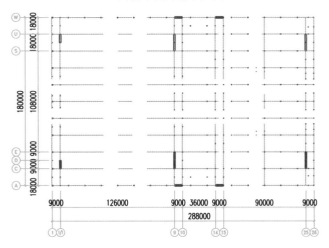

（b）优化后柱间支撑平面图

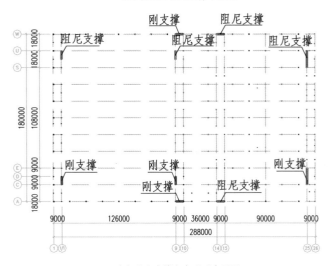

（c）混合支撑方案平面布置图

图1-50 柱间支撑平面布置图

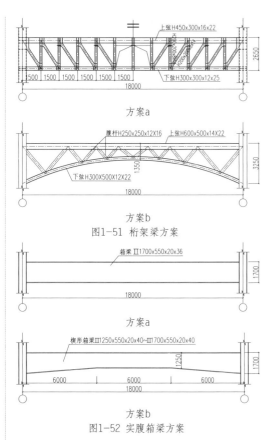

图1-51 桁架梁方案

图1-52 实腹箱梁方案

（图1-52方案b）。楼面体系楔形变截面梁的应用，同时满足了结构效率、建筑效果和设备布置三方面的要求。另外，大挑檐采用人字形立柱作支撑结构（图1-53），也是在满足结构效率的同时，为主题馆外立面整体形象锦上添花。

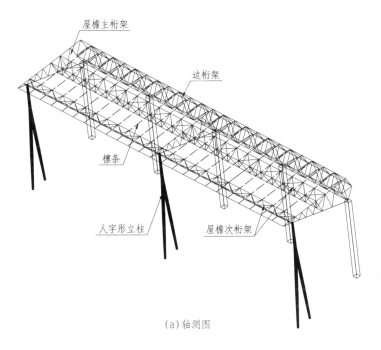

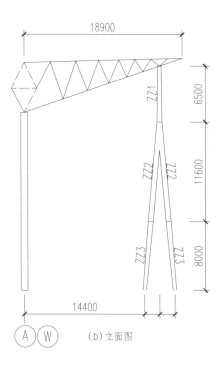

（a）轴测图 　　　　　　　　（b）立面图

图1-53 屋面挑檐结构

1.4.2 高大公共空间气流组织和通风研究

基于人们对室内空间舒适度的需求，自古以来建筑设计和建造时都要考虑建筑的朝向与通风。自 1902 年美国布法罗锻冶公司机械工程师开利发明了世界上第一台空气调节系统（即空调）后，开创了人们可以自主掌控室内温度的时代。然而，随着科技的进步和时代的发展，人们对室内空间的要求已经不只是温度，而是整体舒适度。在高大公共空间中，如何利用空调设备，营造出体感舒适的环境则是需要做深入研究的另一门学问。

在 20 世纪 80 年代以前，国人尚不知空调为何物，夏季在影剧院看电影、看戏，常常挥汗如雨，在大会场开会常闷热难忍；90 年代后，公共场馆有了空调，但在一些大型的展览会、展销会会场中，仍会遇到闷热难当的状况，甚至是汗流浃背。这是因为室内举办展会时本身会产生多个发热源，如众多光照强烈的展示灯发热，众多以电启动的展示品或展示设备发热，滚滚涌动的参观人流也是热源，而空调设备的安装设计显然不足，难以调节展会热源的热量。因此，在设计建造诸如影剧院、体育馆、展览馆、大商场、航站楼等具有高大公共空间的建筑时，并不是简单地安装一些空调设备就能解决室内空间的舒适度，其中还要有针对性地进行空间气流组织和通风设计，将空调系统的制冷效果显现出来。这是一项不可或缺的重要专题，设计得合理与否、精到与否直接关系到空调功能效益的发挥。

主题馆是一个拥有超大空间的建筑，世博会举行的 5—10 月正是上海气温最高的时期，展厅内都是超大型的光电展示设备,日均人流设计是12.5万人次(实际达到16万人次),同时在馆1.8万人,因此,自然和非自然原因带来的综合热量可以说是超巨大的。

从参观者的角度来说,主题馆室内空气的清凉和清新比什么都重要,人们可以对主题馆外观设计的奇思妙想漠然视之,可以对其中采用的重大技术创新一无所知,也可以对其中具体的空间气流组织和通风设计不闻不问,但他们对展厅空气舒适与否必定会有本能而直接的感受。对今天的人们来说,从室外的酷暑中走进主题馆立即一片清凉,并且走到哪里都很舒适是再正常不过的事情,无需赞美。反之则是不应该,甚至一句"热煞了,闷煞了"会成为他们对主题馆设计一票否决的直观依据。

因此,直接接受参观者感觉检验的主题馆空间气流组织和通风设计责任重大。

1.4.2.1 展厅常见的气流组织方式

所谓气流组织,就是指对气流流向和均匀度按一定要求进行组织,也就是在安装有空调设备系统的空间内合理地布置送风口和回风口,使得经过净化和热湿处理的空气,由送风口送入室内,送入的空气与室内原有的空气在扩散混合的过程中,均匀地消除室内余热和余湿,从而使人们的工作区域形成比较均匀而稳定的温度、湿度、气流速度和洁净度,以满足设备运转和人体舒适的要求。

展览馆大厅常见的气流组织形式基本上可分为侧送下回、上送下回、下送上回等形式。

1. 侧送下回

侧送风方式是将喷口布置在大厅周边侧墙上,送风射流以4~12m/s的速度、8℃~12℃的温差及一定的角度向厅内送风,射流到达一定距离后折回,使回流经过观众区。

侧墙的送风喷口安装高度通常在4m以上,以避开展位对射流的阻挡。若要求送风覆盖范围超过30m,则可考虑在不同高度上分层布置喷口,较高的喷口用来满足距离较远的人员区送风,较低的喷口则用来满足近距离的送风需求。在一定的条件下,采用分层空调可以节约投资和减少运行费用。但是,如果跨度很大,两侧对喷射程不够,还有一种解决方法是在大厅内配合室内装饰布置若干个送风柱,喷口安装在送风柱上,以辐射状射流向四周送风,如广州展览馆就采用了这种方式。

2. 上送下回

上送风方式是将送风口安装在展览大厅的顶棚或上部网架空间内,回风口设在周边侧墙或顶棚上,空气自上而下送至人员区,然后由回风带走。上送风方式能将处理好的空气均匀地送到各个部位,以满足不同区域所需的空调参数。但它的缺点也是相当明显的:一是会将悬浮于上部的热和污浊空气带入人员区,造成人员区空气品质较差;二是比其他方式更耗费能源;三是如果顶棚是网架的,在其内布置风管较为困难。

这种方式如果采用一种旋流风口，则具有风量大、送风深且广、噪声低、送风流型可调、人员区风速易控制、阻力特性稳定等特点。很多新建展览馆采用了这种方式，也采用了旋流风口，如宁波展览馆、南京展览馆等。

3. 下送上回

下送风方式是指将送风口安装在地面上，直接向室内人员区送风，回风口设在顶棚或侧墙上部。这种方式有其明显优点：第一，空气因直接送至人员区，空气品质好；第二，避免了上部灯光和屋面的热量带入空调区域，节省能耗；第三，风口阻力小，送风风速低，噪音低；第四，人员区温度场和速度场均匀，舒适感强。这种方式的缺点是：第一，因风口数量多，地下管道布置较为困难；第二，风口因装在地面上，保洁工作量大；第三，风口要占用面积，对展厅内展位的设置造成一定障碍。

目前大型展馆很少采用下送风方式，像上海新国际博览中心，也只在四周玻璃幕墙处的地面上设置球形喷口向上送风，以消除玻璃幕墙的负荷和避免结露现象的发生。

1.4.2.2 主题馆喷口送风创60m射程纪录

上海四季分明，冬季阴冷，夏季炎热，因此需要空调既制冷，又制热。人们不用深究科学原理，凭直觉都会体会到，一台空调机冬天的制热效果往往不及夏天的制冷效果好。不难想象，对于展览场馆的高大空间来说，要达到非常好的制热效果更是有一定难度。不过，从经验看，展览场馆往往对供热效果的要求并不高，一方面是因为人们把展期放在冬季的比较少；另一方面，即使冬季开展会，由展览活动本身带来的诸多发热源产生的热量足以抵充很大一部分热量需求。实际证明，参加展会的工作人员和参观者对室内供热的需求远远不及夏季对供冷的需求。因此，对于主题馆来说，组织气流的任务主要在协调冷负荷方面下功夫，要建立一个比较合理的室内温度场。

遵循以上原则，暖通设计师要考虑的是在可能最恶劣的热条件下空调能够达到足够低的温度，风量能够达到足够大；在室内温度下降的情况下风量可以自动调节，自动减负。

在国内已知的大空间展厅中，空调安装送风口分别采用下送风、顶送风或侧送风三种方案。跨度太大，侧送风还可以采用高低两层送风，如果还达不到目标，可以进一步在厅内增设送风柱。三种方案各有优缺点，主题馆选用哪一种合适呢？

首先，下送风被否决掉，这种方式虽然有很多优点，但地下管道布置较为困难、保洁工作量大、风口要占用面积多等缺点作为展厅来说也是难以接受的。其次，上送风也不行。主题馆顶棚结构内不适于安装顶送风风管，主题馆顶棚结构原本裸露，而风管直径2m见方，无疑会破坏顶棚原来的结构美。而且，从施工和今后的维修来说，上送风也是一种相对困难较多、后期运营维护费用较高的方案。

相比较而言，从布展的灵活性、项目造价、施工难度和节能性，以及室内空间的整体美观性来综合等方面看，主题馆确定采用喷口侧送风方案。由于主题馆南北两侧为玻璃幕墙，不能将风口布置在这两侧，各展厅的东西两侧为实体墙，因此风口就布置在东西两侧。

接下来仍然是超大跨度带来的难题，西展厅东西两侧跨度126m，采用两侧风口对喷的话，从理论是说，每一侧至少要送60m的距离，而国内大空间侧送风射程一般仅20～30m，要把风送这么远在国内项目中尚无先例。另外，室内人员活动区域集中在底部2m以内，因此，气流组织应达到1.5m高区域的室内温度场和速度场分布均匀的目标。解决这些问题，开展科学研究必不可少。

项目组所要解决的问题属计算流体力学（CFD）范畴，这是一门由近代流体力学、数值数学和计算机科学相结合的边缘科学，它的基本特征是数值模拟和计算机实验。英国和美国都出品了较好的CFD模拟软件供科学研究，这些软件从基本物理定理出发，在很大程度上替代了耗资巨大的流体动力学实验设备，有效地解决了科学研究和工程技术中各种实际问题。

主题馆项目组特地邀请喷口技术方面处于国际领先地位的德国妥思公司一起研究，用CFD软件进行喷口送风模拟（图1-54—图1-58），并作了详细的计算，最后决定采用该公司生产的可调型远程投射喷口在两侧布置双层送风，通风管隐藏在两侧墙内，两组高大的冷却塔则布置在室外，而不像通常设计中布置在屋顶，气流组织设计很好地兼顾了建筑的整体美。图1-54为单层喷口分别在6m和10m高度的温度场和速度场的模拟。

最终，高层喷口布置在18.4m高度，风速设计达到14m/s，如此一来，创下了70m远的送风距离；下层喷口布置在7m高度处，风速设计达11m/s，负责30m距离范围内的送风，回风口布置在送风口下方，即同侧送同侧回。这样，超大空间的气流达到全覆盖。所用的喷口内胆为动力抛物线形，射程远，气流诱导比在远端最高可达到84次，可以使室内空气充分混合冷却。该喷口还可以根据冬夏不同工况自动调节送风角度，保证了人员活动都能在舒适的回流区范围内。主题馆的空调效果经过世博会考验，业主认为可打高分。

1.4.2.3 主题馆的热回收节能设计

主题馆是一个建筑质量高、开展会时人员密集的场所，除了要克服"热"，还要克服"闷"，保证输入足够的新风量是克"闷"的药方。

然而，送新风是要消耗能量的。首先，冷却新风要能量；其次，新风进来必须要排风，这一过程也要消耗能量。新风输入越多，能量消耗越大。主题馆内不能不送新风，而且要送足，但节能问题也一定要解决，这是暖通项目组必须面对的又一个问题。主题馆几乎一切都是非常规的，都需要在常规之外另作创新性应用研究，项目组针对用于超大空间的主题馆空调系统，专门进行了新风热回收节能新设计。

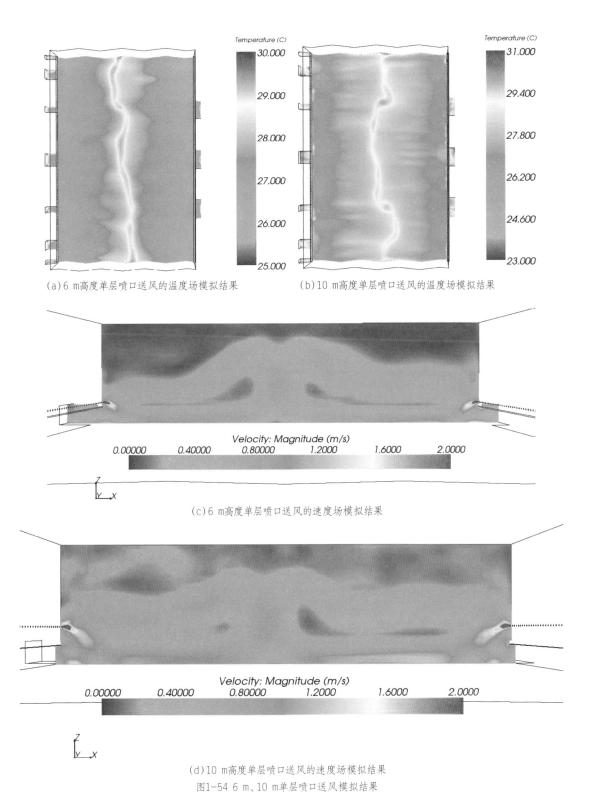

(a)6 m高度单层喷口送风的温度场模拟结果　　(b)10 m高度单层喷口送风的温度场模拟结果

(c)6 m高度单层喷口送风的速度场模拟结果

(d)10 m高度单层喷口送风的速度场模拟结果

图1-54 6 m、10 m单层喷口送风模拟结果

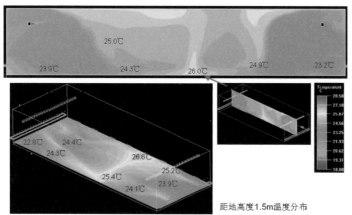

图1-55 设计工况喷口送风的温度场模拟结果

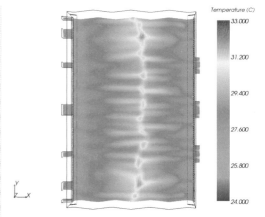

图1-58 双层喷口送风（风速8m/s）的温度场模拟结果

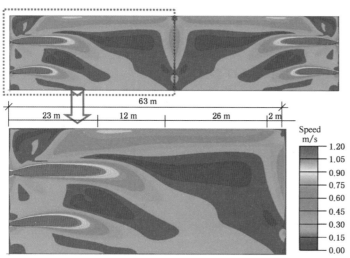

图1-56 设计工况喷口送风的速度场模拟结果

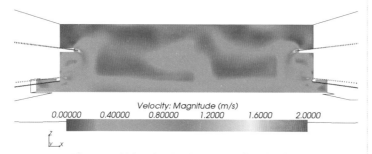

图1-57 双层喷口送风（风速8m/s）的速度场模拟结果

　　新风热回收技术中的关键设备是空气能量回收通风装置，也称新风换气机，这是一种将两种不同状态的空气同时进行热湿交换的装置。它在满足室内新风需求量的条件下，回收空调系统中排风的能量，并将回收的能量直接传递给新风。简单地说，就是利用排风的温度给进入室内前的新风预先降温或加温并增减湿度，夏季利用室内温度较低的排风或回风与新风交换，来降低新风的温湿度；冬季则相反，利用室内温度较高的排风或回风来提高新风的温湿度，以此达到节能减排的目的。

　　新风换气机按空气热交换器的种类可分为板式、板翅式、转轮式、热管式等几种，按回收热量的性质可分为显热回收器与全热回收器。主题馆采用了转轮式全热回收器（图1-59）。

　　在空调系统中空调机组及风管中都存在漏风的状况，漏风率的高低会影响空调的通风效率及热回收效率。为了维持空调机组

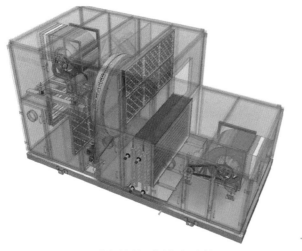

(a) 转轮式能量回收空气处理机组

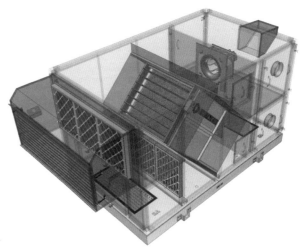

(b) 板式能量回收空气处理机组

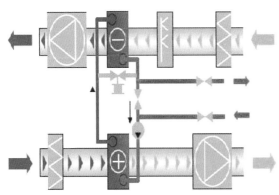

(c) 双盘管式能量回收空气处理机组

(d) 热管式能量回收空气处理机组

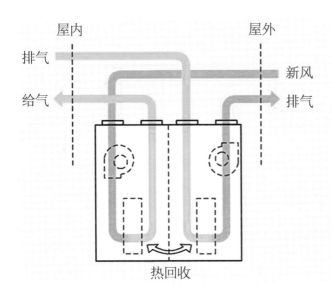

(e) 热泵热回收全新风空气处理机组

图1-59 新风换气机

系统的风量，就需加大风机输送量，而风量的增加又将引起风机轴功率的增加，进而使风机能耗增大，导致空调系统热回收效率受影响。主题馆空调系统配用新型转轮式全热回收器，旨在改善这一状况，达到提高热回收效率、节能的目的。

该全热转轮式换热器用沸石-分子筛作为吸湿涂层，涂层分子筛直径为 4 埃，而水分子的直径为 3 埃，因此可实现选择性吸收，不仅全热效率高，同时可以革除异味，防止细菌滋生。因其换热芯体用较厚的 0.07 mm 铝箔作为基材，导热系数 K 合理，使用寿命延长；其芯体上的波纹较普通芯体大，因此耐污能力增强，受压损失减小。该全热转轮式换热器的转轮端面平整度严格控制在 1 mm 以内，并配合纤维密封条实现非接触密封，由此来减小摩擦阻力与换热芯体磨损，泄漏率也可以控制在很小的范围之内。

高效的全热转轮式换热器还需与优化后的空调柜结构整合才能发挥效率。采取的整合措施有以下三点：第一，在空调柜内设立旁通，在过渡季节开启旁通，由此大部分新风及旁通系统压力损失和风机电机负荷大为减小，实现系统节能；第二，风机出风口及风机入风口同换热器端面保持一定距离，以实现空气的自然均流，提高环热效率；第三，转轮换热器采用全密闭壳体，空调柜同转轮换热器壳体接触的部位严格密封，防止新风、排风之间由于静压差而出现串风。

1.4.3 高大空间消防设计

在城市灾害中，建筑火灾发生频率高，造成人员伤亡多，经济损失大。火灾多数是由人们的不安全行为与物的不安全状态相互作用而引发，并造成燃烧失控。对此，除了增强人们的防火意识，制定消防安全管理制度，以及发展更先进的灭火器材外，对建筑本身做消防设计成了铁定的法规。

城市建筑因功能多、空间层次多、用的装修材料种类多、电器设备多、室内工作或居住的人数多、管道竖井多，一旦发生火灾，火势蔓延快，火烟扩散快，消防人员扑救的难度大，人员安全撤离的难度也大，很多人因烟害而窒息死亡，或晕厥后葬身火海。

因此，所谓对建筑作消防设计即提高建筑本身的消防安全系数，在房屋建造时就考虑到如何安置消防设施，如何设立人员疏散撤离安全通道，如何能最大限度地将火灾控制在一定范围以保护生命和财产安全，如何使建筑物的结构不会因火灾而受到严重破坏或发生连续垮塌，如何保护环境免受火灾有害影响等。主题馆作为一个投资巨大的特大型公共场馆，消防设计是必需的，也是极其重要的。然而，正因为它的巨大空间，特别是超巨大无柱空间举世无双，也给消防设计增加了更多难度和挑战。

1.4.3.1 主题馆需要"性能化防火设计"

我国在 20 世纪 50 年代有了第一部关于建筑消防设计的法规，以后又做过修订。国家建设主管部门邀集专家，结合国内外的建筑消防实例和标准，以"预防为主，防消结合"的方针制定的《建筑设计防火规范》为指令性法规。这类规范对所涉及建筑的位置、建筑间距、构件耐火时间、安全疏散以及建筑物内部防火灭火设施的选择、安装要求等，都做出了具体规定，建筑防火设计只需遵照规范中规定的设计参数和相关指标执行即可。

但是，随着建筑物的功能日益呈现多样化，新建筑的使用需求和一些指标已经超出了国家指令性规范中所列的定义范畴，设计师们不能再简单地套用原来的消防设计参数，特别是设计展览厅、体育馆、大剧场、机场航站楼、仓库、厂房等大空间建筑更是如此。从某种意义说，包括主题馆在内的大空间建筑需要更可靠的消防安全保障。防火的目标应该定得更高些，设计时更不能掉以轻心，现成规范不顶用了怎么办？

20 世纪 80 年代，国外提出了以建筑性能为基础的"性能化防火设计"新思路，所针对的就是以上规范体系对日新月异的高大建筑无能为力的状况。中国在 90 年代也开始引进"性能化消防设计"。它的思路是"必须建造一座安全的建筑"，但不详细规定应如何实现这一目标。接手超规范的建筑设计，设计师不能再套用某个确定的、一成不变的模式，而需按照消防安全工程学的原理和方法首先制定整个防火系统应该达到的性能目标，并根据建筑物的实际状态，如结构、用途、可燃物情况，等用所有可能的方法对火灾危险和将导致的后果进行定性、定量地预测和评估，从而寻求最优化的防火设计方案和最合理的防火保护，这是一种个性化的量体裁衣。因此，设计人员需要发挥主观创造性，选用有效的防火措施，设计适用于该建筑物的总体防火设计方案。

目前，现有的国内展馆建筑消防设计规范所针对对象都是单个建筑空间在地上 1 万平方米以下的规模，而主题馆所有的展厅都大于 1 万平方米，西展厅更是达到 2.5 万平方米，其规模已经大大超越了规范的描述范围，规范所规定的参数指标对这么大的空间已失去了意义。如何解决这类超大空间的防火分隔、安全疏散、消防灭火、防排烟、结构消防安全等消防安全设计是一个难题。因此，在规划外寻找办法，采用"性能化消防设计"对主题馆来说势在必行。

消防的性能化设计融会了各种消防规范，对建筑设计提出更有利于消防安全的策略。例如，主题馆设计有地下展厅，但是全地下空间，对消防疏散、防排烟及消防救援等都会带来很大困难。因此通过建筑设计，在北侧设置下沉广场，东侧设置下沉通道，使展厅有两个面能直接对外，后来又在北侧加设了一条避难走道，大大提高了地下展厅的安全性；主题馆的西展厅面积接近 25 000 m²，展厅中部距建筑外门均很远，设计中借用人防防火规范中的避难走道概念，在展厅中部设置疏散口，使人员通过中部疏散口，经地下避难走道通向室外。为了提高二层展厅的安全救援，设计参照上海市《大中型商场防火技术规定》，在西山墙设置两处灭火救援阳台，阳台同时兼做二层展厅临时货运通道。

1.4.3.2 借用计算机模拟火灾开展研究

主题馆采用性能化设计要解决六大问题，这些问题也是超大公共建筑所面临的共性问题：

问题一——如何设定超大展厅的防火分区与防火分隔物，将火灾规模控制在一定范围内，减少火灾危害。

问题二——如何确定超大展厅的安全疏散策略与疏散引导指示系统。

问题三——如何确定超大空间的防排烟策略。

问题四——如何确定合理的自动消防灭火措施。

问题五——如何确定合理的自动报警系统。

问题六——如何确定合理的钢结构防火保护措施。

在消防设计规范不管用的情况下，要解决这六大问题，需要各相关专业系统协调，运用消防工程理论进行数据分析和计算，特别是通过计算机实景模拟并定量分析，以此为基础形成主题馆的防火设计方案。

20世纪80年代初，国外实现过对性能化消防设计的建筑火灾模拟试验，当时为了解决新出现的高层建筑消防设计问题，加拿大国家研究院建造了世界上首座高层建筑火灾试验塔，专门进行高层建筑的机械防排烟研究。做真实的火灾试验虽然是非常必要的，但试验一次的经费高，还污染环境，难以推而广之。计算机的普及和模拟火灾软件的开发给建筑消防设计带来福音，自90年代后期，计算机模拟的方法取代了真实的火灾试验。主题馆进行消防性能化设计，选用了目前应用最广泛的火灾动态研究软件——FDS软件以及人员安全疏散研究软件——Building EXODUS软件。

FDS软件由美国国家标准与技术研究院（NIST）开发，于2000年2月发布了最初版本。火灾是一个极复杂的动态过程，该软件能帮助人们完成建筑消防性能化设计吗？对此，美国马里兰大学消防工程系的一席人对FDS的可信性和准确性进行了研究。他们研究的基本方法是利用FDS来模拟美国著名火灾研究机构所做的7个全尺寸火灾试验，将模拟的结果与火灾试验所得到的结果进行了比较。2001年4月公布的研究报告表明，FDS具有很高的准确性和可信性。

Building EXODUS是一种细网格行为疏散模拟软件。与其他疏散模拟软件相比，它综合考虑了建筑结构、人员行为与火灾之间的相互关系，比较真实地模拟火灾应急情况下人员和场景的若干属性和行为，并追踪疏散过程；可以用于评价建筑设计是否合乎规范要求，分析各种建筑结构的人员疏散性能以及各种建筑结构中的人群移动效率；通过模拟，可以对改进建筑设计和疏散程序提出建议。

主题馆的消防性能化设计借助计算机模拟技术，模拟典型火灾场景下建筑内的火灾烟气运动和相应火灾条件下的人员安全疏散，研究火灾蔓延情况，对建筑结构安全进行定量分析，以此确定了一个更加科学、更加合理、成本经济的优化方案。

1.4.3.3 主题馆消防设计概念

现有的规范虽然解决不了主题馆的消防设计，但其根本思路和要求对主题馆是适用的。设计人员进一步借鉴了国外超大空间如机场航站楼的消防设计概念和经验，依据现行设计规范，遵循"性能化消防设计"的基本理念，提出了主题馆的5个消防概念，这5个概念对传统建筑消防思路有所突破，将其综合运用后使主题馆的消防等级提高了一个层次。

1. 防火隔离带与防火单元

在城市消防规划与建筑防火管理中，无论在工厂区、商业区，还是在居民区，都要求建筑建造时与相邻建筑之间留有足够的间距，这除了是考虑建筑的采光外，还有作为防火隔离带的作用。随着超大空间、超大防火分区建筑的不断出现，室外"防火隔离带"的概念被借鉴到室内的消防设计中。一般建筑采用传统的分区办法防火，就是在建筑内部依托楼板、地面、防火墙、防火帘等采取水平和竖向的防火隔离措施，在一定的时间里把建筑物中的火势控制在一定区

域内。这种办法不利于建筑拓展使用功能和达到开阔的视觉效果。而大空间中设置"虚"的防火隔离带来分区，则可以很好地解决问题。隔离带表面看就是室内通道，不说明，没人会认为它还会有其他重要意义。该通道实际上是经过精心测试而设计的，它的宽度与可能发生的火灾规模相适应。该通道上不设可燃物，但顶上设置了独立的机械排烟系统以及自动灭火系统。一旦发生火灾，火势就被这块特地划出和设计出的空间所隔断，不至蔓延开来。

主题馆根据使用和人员疏散的需求，在几个展厅中设置了一定数量的通长防火隔离带，将展厅分为多个面积较小的防火单元，有利于控制火势蔓延。最初设计时，隔离带宽度定为不小于6~9m，最后根据性能化研究报告，宽度还不够，就调整为9~12m。人员各向疏散时，进入防火隔离带等于进入了相对安全地带，通过隔离带区域设置的楼梯、地下通道和安全出口，疏散人员可以继续向室外安全地带转移。

2. 安全区

在建筑中设立一个相对安全区，供疏散人员暂时栖息、躲避是大空间建筑消防设计的新概念。主题馆的中庭被设为这个准安全区，它与东西两面的展厅是用防火隔离墙分隔的，如果展厅发生火灾，烟气则被隔离而不会蔓延过来。当一部分人员通过疏散门进入这里，这是他们的"诺亚方舟"，因为中庭的装饰材料都是阻燃的，空间的顶部和墙上安装了喷淋头、自动报警器和排烟设施。

3. 避难通道

在《人民防空工程设计防火规范》中有设置避难走道的条款。主题馆平面尺寸巨大，从地面逃生会发生困难，于是设计师想到在地上展厅的中部设置地下逃生专用通道，大大方便了逃生，疏散人员可以由此通过疏散口直接疏散到室外。

4. "防火舱"

在一些机场、展馆等公共休息大空间里设有商务办公区、餐饮区、售卖店，这些区域和店铺往往都设有顶棚，是"屋中屋"。"防火舱"的概念就是要加强"屋中屋"顶棚的防火能力，安装机械排烟系统、自动报警系统、自动喷淋系统、做防火分隔和防烟分隔等，以弥补外面"大屋子"空间太大、无法设置全范围消防措施的缺陷。这些经过特殊保护的"小屋"就可以看作一个个"防火舱"，可以控制火势向"小屋"内蔓延。主题馆中庭要设置一些商务区、售品店，其顶棚就要采取相应消防措施。

5. 分阶段安全疏散

这个概念是基于前面一、二、三概念的一个指挥疏散秩序、缩短疏散时间的概念。主题馆展厅面积大，建筑中疏散楼梯和疏散出口多，慌乱疏散反而欲速不达，还易造成人员踩踏。在火灾规模较小的情况下，指挥疏散可以考虑让离火灾发生点较近的人员向远离火灾的区域疏散，这样可以减少混乱，有利于人员最终疏散。图1-60为火灾时安全疏散的时间分布图。

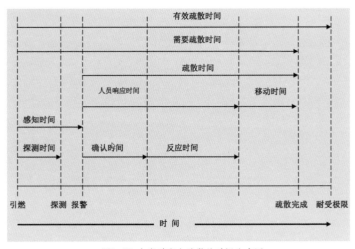

图1-60 火灾时安全疏散的时间分布图

1.4.3.4 主题馆各层功能区的防火设计方案

1. 地下展厅

地下展厅扣除楼、电梯，设备间与卫生间后建筑面积约为 12 000 m²。

（1）防火分区的设置。展厅围护结构采用防火墙与其他区域分隔，为一个独立的防火单元。展厅内部参照相邻建筑间的间距要求，按十字形设置一条 12 m 宽与一条 9 m 宽的防火隔离带，将展厅划分为四个使用区域，区域面积约 3 100 m²，防火隔离带与各安全疏散出口相连（图1-61）。

（2）安全疏散。展厅北侧设置下沉广场，东侧设置下沉通道，下沉广场与下沉通道均设置室外楼梯，便于紧急时人员安全疏散，同时也有利于消防扑救。

展厅设置多个安全疏散口（图1-62），南面设直通下沉广场的安全通道，西面设通向安全区的疏散出口。中部结合防火隔离带设置 2 部防烟疏散楼梯，并与安全通道相连，直通下沉广场。展厅最大疏散距离不超过 50 m。

2. 一层展厅

1）一号展厅

1 号展厅扣除楼、电梯，设备间与卫生间后建筑面积约为 17 030 m²。

（1）防火分区的设置。展厅围护结构采用防火墙与其他区域分隔，为一个独立的防火单元。展厅内部参照相邻建筑间的间距要

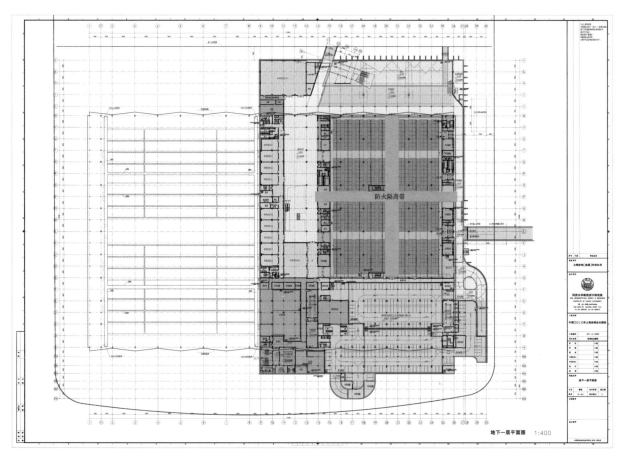

图1-61 地下一层展厅防火分区

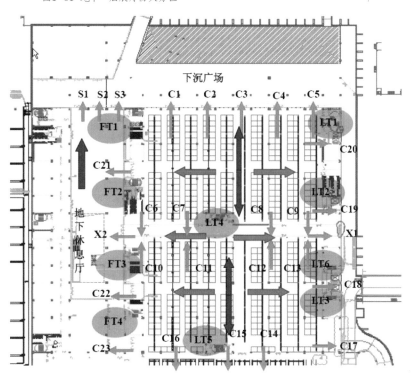

图1-62 地下一层展厅疏散示意图

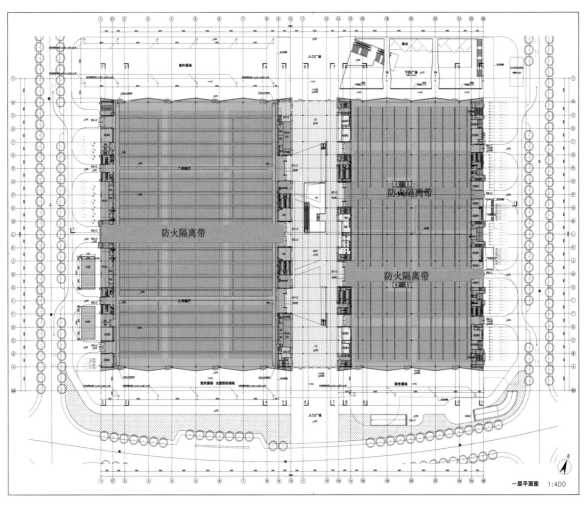

图1-63 一层展厅防火分区

求，东西方向平行设置两条 9 m 宽防火隔离带，将展厅划分为三个使用区域，防止火灾大面积扩散。区域使用面积约为 6804 m²。防火隔离带与各安全疏散出口相连（图1-63）。

（2）安全疏散。展厅南、北、东三面均设置直通室外的疏散口，西面设置通向入口大厅的疏散门。展厅最大疏散距离不超过 50 m。中部结合防火隔离带设置 4 部防烟疏散楼梯（图1-64）。

2）二、三号展厅

二、三号展厅即主题馆最大的使用空间，扣除楼梯、设备间与卫生间后建筑面积约为 24 160 m²。

（1）防火分隔的设置。该展厅为一个独立的防火单元，展厅围护结构采用防火墙与其他区域分隔开来。展厅内部参照相邻建筑间的间距要求，东西向设置一条 12 m 宽防火隔离带，将展厅划分为两个独立的使用区域，防止火灾大面积扩散，防火隔离带与各安全疏散出口相连（图1-63）。

（2）安全疏散。展厅南、北、西三面均设置直通室外的疏散口，东面设置通向入口大厅安全区的疏散门。由于展厅双向距离超长，中部结合防火隔离带设置 4 部楼梯，人员可通过此楼梯由地下安全通道疏散

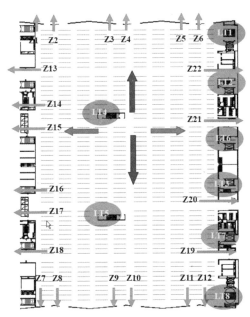

图1-64 一层一号展厅安全疏散示意图

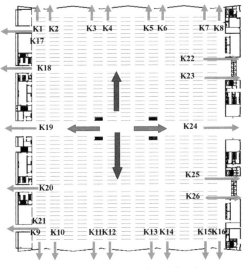

图1-65 一层二、三号展厅安全疏散示意图

至室外。展厅最大疏散距离不超过50m（图1-65）。

3. 二层展厅

二楼展厅建筑扣除楼、电梯，设备间与卫生间后建筑面积约为17 350 m²。

（1）防火分区的设置。该展厅为一个独立的防火单元，展厅围护结构采用防火墙与其他区域分隔。展厅内部参照相邻建筑间的间距要求，平行设置两条9 m宽防火隔离带，将展厅划分为三个使用区域。防火隔离带与各安全疏散出口相连。

（2）安全疏散。展厅东面设置8个封闭楼梯间，西面设置通向入口大厅的疏散门。中部结合防火隔离带设置4部防烟疏散楼梯。展厅最大疏散距离不超过50m。

4. 中部休息厅

中部休息大厅作为引导参展人员进入展馆的交通枢纽。参展人员首先进入此厅，再进入各展场。各展场参观完毕，仍返回此厅，再进入下一个展场。参展人员对此厅相对熟知一些，若遇紧急情况，从心理分析看，人员处于陌生环境中将不自觉地按来时路径返回入口大厅。入口大厅的相对安全，对人员疏散极为有利。

（1）防火分区。入口大厅内不使用可燃物装修，与其他部位均采用防火墙及甲级防火门分隔，并设置喷淋、烟感、排烟系统，使其成为一个安全空间，满足人员安全疏散。

（2）安全疏散。一层南北各设有宽度为12m的疏散出口，地下层设有直通室外下沉广场的疏散出口，其宽度为9 m。

1.4.3.5 大空间自动灭火系统设计

主题馆自动灭火系统设计根据空间和功能划分，采用多种消防灭火措施，首先是为西展厅超大空间选用消防装置。

目前已建成的一些大空间建筑，如体育场馆、航空港、会展中心等，大部分采用"消防炮装置"作为主要消防手段。

但负责主题馆的消防设计人员在与上海市消防建审处的多位专家沟通后确认，在大型展馆建筑中采用"大空间智能洒水灭火系统"要远优于"消防炮系统"。因为展会期间往往会有一些如巨大横幅、竖帘挂饰物等物件悬挂，会影响消防炮红外线探测器的探测，会遮挡消防炮横向抛物线的射程，而"大空间智能洒水灭火装置"则能避免上述缺点。国内外的研究和实验表明，"大空间智能洒水灭火系统"对在大空间内发生的明火探测和灭火均十分有效。主题馆西展厅采用了该自动灭火系统。

"大空间智能洒水灭火装置系统"是由红外线探测器（图1-66）、大流量洒水器和电磁阀组三个主要部件组成的。它能主动探测着火部位并开启喷头，以离心力的形式抛洒，形成圆形喷水面灭火。它具有以下特点：

（1）红外线探测器和洒水喷头是1对2组合关系，其探测范围和灭火区域相对应；

（2）系统设计流量保证在保护范围内的喷头同时开启并持续出水1小时；

（3）可人工或自动关闭系统及复位；

（4）系统在供水设施开启的同时会自动报警；

（5）该系统设计流量为108 L/s，单个洒水喷头的流量为5 L/s。

图1-66 展区红外线探测组件

主题馆的一般功能区域中设计布置了较为传统的"室内消火栓"和"自动喷淋灭火系统"，地下层的变配电站房设置了"七氟丙烷气体灭火系统"。主题馆的东部地上二层空间展厅在世博会期间因主题布展的特殊要求，中间楼板暂时不做，因此形成一个24 m高的临时大空间，世博会期间，设计人员为其临时加设"消防炮装置"。世博会后，铺设两层楼板，上下两层均设置"自动喷淋灭火系统"予以消防保护。

考虑到各系统运行的安全，上述各个消防系统均各独立设置主泵和备用泵，且全部采用稳高压系统，并避免在屋顶设消防水箱，以保持建筑造型的整体美观。

1.4.3.6 大空间的通风排烟设计

通风排烟也是主题馆消防设计的重头戏。设计大空间的通风排烟，首先要根据上海市工程建设规范《建筑防排烟技术规程》（DGJ 08—88—2006）中的相关公式计算出排烟量，并确定机械排烟系统的排烟量不应小于多少；还要根据规范确定自然排烟口的净面积，如防烟楼梯间前室、消防电梯间前室，不应小于2.0 m²，合用前室，不应小于3.0 m²；靠外墙的防烟楼梯间，每5层内可开启排烟窗的总面积不应小于2.0 m²；中庭、剧场舞台，不应小于该中庭、剧场舞台楼地面面积的5%；其他场所，宜取该场所建筑面积的2%～5%等。主题馆针对各功能区进行了不同的排烟系统设计。

在征求消防部门的指导性意见后，设计方对地下展厅、地下休息厅、地上一层门厅、一层一号展厅、二层休息厅的排烟系统均采用机械排烟，按情况用隔离带划分出防烟分区，每个防烟分区的排烟量按上述"机械排烟量确定"方法，再通过 DETECT-QS 软件模拟得出自动灭火系统控制时的火灾规模，进而计算出单个防烟分区所需最小排烟量。

防烟分区和隔离带顶棚都按模拟和计算得出的参数布置了排烟口，排烟口离防烟分区内最远点距离小于 30 m。另外，还布置了机械补风装置增大排烟效率，补风量为排烟量的 50%。

对地上二至四号展厅，在屋顶设置可开启的电动排烟窗进行自然排烟，依据上述"自然排烟口净面积确定"方法，各展厅自然排烟口净面积宜取为该展厅建筑面积的 2%。该排烟窗在火灾时由主题馆消防中心集中控制开启，也可以在平时由控制中心控制开启，满足通风换气的要求。

1.4.3.7 主题馆消防设计安全性能评估

主题馆的整个结构采用抗火设计，对钢构制定了安全可靠、经济合理的防火保护措施，使其满足国家现行有关标准、规范规定的耐火极限要求。那么主题馆采取的其他消防措施是否经得起考验？对这些设计是如何进行安全性能评估的呢？

设计人员利用 FDS 模拟软件，依据"可信且最不利"的原则设计了 5 个典型火灾现场，重点考查各展厅和中庭的人员疏散情况（图 1-67）。模拟结果表明，所确定的防火分区、防烟分区以及在相应的消防策略下，各场景均可将火灾环境维持在人员相对安全的水平，并有一定的安全余量。同时也证明，使用隔离带的方法分隔展区是行之有效的，西展厅用了 12 m 的隔离带，相当于 4 车道的道路，这么宽是十分必要的，能有效阻止热辐射引燃隔离带另一侧的可燃物，从而达到了防止火灾蔓延的功能。主题馆的性能化消防设计目标也全部达到。性能化设计在欧美、日本、澳大利亚等国运用得较成熟，在中国还在起步阶段。对主题馆这样有许多技术难点、影响重大的建筑，设计人员为保障它的消防安全，做了许多别人没有做过、可以留下样本的工作。

1.4.4 下沉式休闲广场

主题馆下沉广场位于主题馆基地东北角，占地面积 5000 多平方米。下沉广场南邻主题馆地下展厅，北接主题馆人防工程，是主题馆室外重要的景观点，也是重要的交通节点。主题馆为了有效地利用地下空间，在东面展厅下设计有地下展厅，可以增加 1 万多平方米的面积。但是作为展厅设在地下，总是与人们观展习惯路线有些相悖，如何提高地下展厅的使用效率，通过流线设计将人流自然地引入地下空间，成为主题馆设计中一个重要的问题。提出建一个下沉式广场与之相通，无疑是解决这一问题的好方法。

所谓下沉式广场，是高密度中心城市制作开放性空间的一种手法。下沉式广场是一个围合式的开敞公共空间，它的整体或局部下沉于周围环境，它与地面广场的区别主要表现在空间的围合感、平面形态、地面设计和安全性等方面。仔细观察城市的下沉式广场，可以看到，它都会与地下商城、

（a）场景1：地下一层火源位置示意图

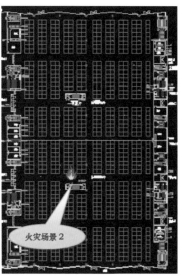
（b）场景2：一号展厅火源位置示意图

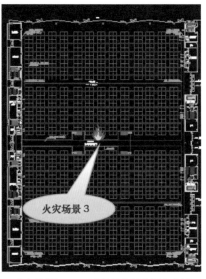
（c）场景3：二、三号展厅火源位置示意图

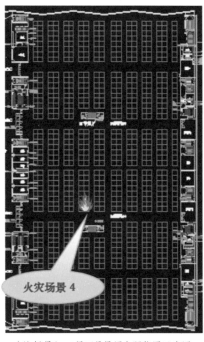
（d）场景4：二层四号展厅火源位置示意图

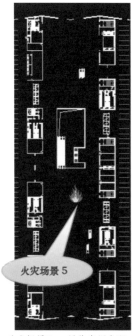
（e）场景5：一层休息厅火源位置示意图

图1-67 5个典型火灾场景

地下会所、地下轨道等相连，对解决这些地下活动场所的通风、采光、消防等问题，提高空间舒适度大有裨益，让原来属于地下的空间获得"重见天日"的机会。可见下沉式广场有很强的功能性。当然，它对营造环境的立体造型也有功劳。

主题馆的下沉式广场首先也是功能的需求。它设置的场地被限定在主题馆和人防工程之间40m宽的范围内，要同时发挥三个功效：第一，能够连系地下展厅、地下停车场和人防工程；第二，能够连系地上与地下；第三，成为一个能停留的休闲场所。因此，从功能方面看，它既是人流交通枢纽，又是人流汇集地。在功能明确的前提下，设计师巧花心思，把它打造成一个与主题馆及其周边环境融合的新景观。

下沉七八米，从地面到地下的景观以怎样的形式实现过渡呢？可以是大台阶，可以是草坡，也可以是跌水，最后业主和设计师都认为跌水的概念更能与环境融合，更具有吸引力。跌水概念可以引出中国传统建筑中"藏风聚水"的理念，也应了传统营造法关于"天井中聚水为池，汇天地之灵气"的说法。

具体设计时，下沉式广场是主题馆的有机组成部分，它力求与主题馆建筑在尺度和风格上协调呼应，保证了总体设计风格的延续统一（图1-68）。斜面跌水，坡长约90m，高度约6m，气势恢弘。造型上秉承了主题馆建筑的三角体造型母题，跌水造型也为多个三角形体块交错而成，与主题馆主体折纸立面和大挑檐下的三角块交相呼应。特别是跌水下的水池中映出建筑倒影，更加体现了两者的协调统一。广场中设置的自动扶梯沿跌水而下，流动的扶梯与水相伴更营造出一派生气。

下沉式广场中铺设了1500 m²的木质平台。平台临水而设，可以吸引观众驻足停留。平台上还可设置咖啡座、室外餐饮，也可以作为室外展场，举办演出和时装秀等活动。下沉式广场的设置为主题馆的主题阐释延伸，体现了美好的城市生活。

作为交通枢纽，下沉式广场可说是做到四通八达。广场设置两组大楼梯和两部电梯，作为连系地上、地下的通道。西侧的大楼梯和两部自动扶梯途经夹层平台，夹层平台与北侧世博轴下面的人防工程地下一层

图1-68 下沉式广场

相连通，实现了与世博轴人流的连通。下沉式广场地面与人防工程的地下二层也有两个连通口，可通机动车和行人。

下沉式广场的跌水和水池中水的运动应用了环保理念和新技术，其中的水是利用雨水收集系统先将屋面上的雨水回收、处理后供给的。水通过跌水顶部隐蔽的出水口均匀流下，再经过水池进行循环。水池中设三组喷泉，运用电脑控制系统，调节喷水高度和造型。夜间，斜面的跌水可通过激光投影和灯光照射，形成变幻多端的艺术效果，给人以不同于白天的视觉感受。

广场的跌水和水池被设计为黑色石材铺就，石材铺在跌水的大斜面上，按菱形鳞片式搭接，每块菱形石材的尺寸为长轴2 m、短轴0.945 m。尺寸能达到要求的黑色石材在国内很难找到，最后选用了进口黑色花岗岩。设计人员与施工人员在现场进行多次试验，对石材的边线做一定的切割，终于铺出了具有立体感的鳞片式效果。设计人员对广场木平台的选材也做了认真分析，从硬度、耐磨性、防水性、防腐性等方面做了综合考量，最后采用了符合节能环保原则的再生木地板。

1.5 主题馆的设备系统

偌大的主题馆建成后要达到预想的使用要求，要成为大型公共场馆中独具特色的建筑，其中采用的先进设备系统功不可没。主题馆采用的诸多先进技术要通过设备系统来体现，设计师的创新设计也需要通过一系列的设备系统发挥作用而被人们所体验、感受到。从某种意义说，主题馆如果没有先进的设备系统，充其量就是一座体量很大的房子，真要使用起来还会因其太大而麻烦不断。人们敢于建造主题馆这样的超大空间建筑，是因为其背后有现代的科学技术和理论做支撑，有现代的科技设备系统可以实现其功能需求。主题馆凸显大的优势在于其有多种先进的设备系统为其服务，为其正常运营保驾护航。

然而，对于大型公共场馆来说，一般并没有现成的设备系统可以拿来就用，都需要依据建筑的具体情况和要求来设计安装设备系统。对于主题馆这样一座有诸多超常规元素的建筑，更是需要花心思进行专门设计，有的还要进行模拟试验，使安装的设备系统不仅有效，还要高效，能反映出最先进的环保节能理念并体现出所能达到的最新科技标准。

另外，特别要提及的是，作为上海世博会的主题馆，它除了具有展示、展览的功能外，还有特别的演绎主题、试验主题和展示主题的功能。因此，主题馆的设计和建造加入了新的功能，即集中体现现代环保节能的最新技术，其中有屋面雨水回收系统、绿色生态墙系统、一体化太阳能光伏屋面系统。

主题馆的供配电系统全部实施智能化，由电脑按照预先设计，以保证主题馆各种电器设备的正常运转。而建造绿色环保系统，则大大提升了主题馆的品质和声誉，也为以后的新建建筑树立了一支可以效仿的节能环保标杆。

1.5.1 绿色节能整体设计

1.5.1.1 虹吸屋面排水及雨水回收系统

排水是自古以来的建筑都要考虑的问题，屋面排水系统不畅，大雨来临时会造成建筑漏水，严重的甚至造成水害。传统的屋面排水方式为重力式雨水系统，即雨水由屋面天沟汇集后经雨水斗下接的立管靠重力自流排出。这种方式设计施工简易，一般情况下安全性有保证，因此仍被普遍采用。但是，随着大屋面建筑的诞生，大雨时屋面的排水量大大增加，传统的重力式排水系统则显得力不从心了。在20世纪60年代人们就创造了一种新的排水系统——虹吸式屋面排水系统。目前，这种排水方式被机场、展馆、剧场等大跨度、大屋面的建筑普遍采用。主题馆便是采用了这种虹吸式排水系统。

虹吸式屋顶排水系统依照虹吸原理（图1-69），设计一个特殊的雨水斗，实行气水分离，阻挡空气进入排水的立管中。当雨水达到一定的容量，立管被充满时，虹吸作用就产生了。虹吸式排水比重力式排水速度要快得多。降雨过程中，由于连续不断的虹吸作用，雨水排泄速度很快，减轻了大雨时屋面的水压荷载。

排水系统工作看似非常简单，其实不然。以主题馆为例，设计建筑的排水系统，特别是虹吸式排水系统，一要确定上海地区的降雨强度和重现期；二要根据屋面面积和汇水面积，计算汇集的水流量及压力；三要依雨水流量和压力确定雨水斗的规格及水管的管径、长度；四要合理布置雨水斗，形成有效的屋面雨水排水管网。

主题馆排水系统设计首先面临选择降雨重现期。所谓降雨重现期是指某一预期强度的降雨重复出现的平均周期。根据《建筑给水排水设计规范》（GB 50015—2003）第4.9.5条规定，一般性建筑屋面的设计重现期为 2 ~ 5 年，重要公共建筑屋面为 10 年。通俗些说，就是重要建筑的排水系统在 10 年一遇的大暴雨下也能发挥功效。主题馆处处超常规，重现期设计是否也超常规，高于 10 年呢？高一点，保险系数不是可以大一些吗？这可要仔细算一算，因为，设计规格越高，也就意味着管径也要设计得更大，管壁也要更耐压，如此一来，工程造价也会提升。

问题是，并非什么工程都是只要多花钱，加大所谓的保险系数就能保证安全。设计人员经研究计算，得出的结论是：管径过大的虹吸式排水立管在平日里会因雨水量小，充不满，导致系统形不成虹吸效果，此时的效果等同于传统的重力式排水方式，甚至还比不上重力式。这是因为虹吸式排水方式设置水平悬吊管不需要有坡度，这本来与重力式相比是优点，此时却成为缺点，由于悬吊管没有坡度，排水效率可能比重力式排水还要低（重力式是有坡度的），而排水不及时就大大增加了侵害建筑结构的潜在

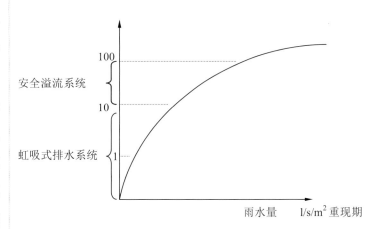

图1-69 虹吸式屋面雨水排水系统的工作原理

危险。分析了以上利弊后，设计人员又参照了德国工程师协会的《屋面虹吸排水系统》（VDI 3806）规定，依据该规定，虹吸式屋面雨水排水系统必须设置溢流口或溢流系统，且该溢流系统须独立于其他虹吸排水系统。图1-69为虹吸式屋面雨水排水系统的工作原理图。主题馆的设计依据最终确定重现期为 10 年，并设置安全溢流系统，一旦管路因意外情况而堵塞，雨水也可以从屋面上及时排除，不至于发生灾害。

建筑的排水设计固然不可缺少，一个排水系统的建成要充分考虑到有效性、经济性和合理性，而目前，做排水设计的同时想到将雨水回收利用，则更是广受推崇的做法。天然雨水由于具有分布广、硬度低、污染物少等特点，被看作是"免费"的水资源，而应地制宜地收集大型建筑屋面雨水，将其作一定的处理后，用于不直接接触人体的绿化浇灌、道路冲洗及景观等用水是理想的节水措施。实现雨水回收利用，既能减少雨水大量排放到城市雨水管道，避免暴雨时造成管道拥堵；又可抵充城市自来水网的部分供水量。既节约了水资源，又节约大量的自来水供水费用和排污费用，真可谓一举两得。作为上海世博会的主题馆，建筑物本身就肩负着做节能环保榜样的重任；作为世博集团自筹资金建造的主题馆，

能有实质性的节能环保功能也是业主所孜孜以求的。

主题馆整个雨水回收利用系统包括弃流收集系统、深度处理系统、回收系统、电控系统，还要配以完善的在线监测调整装置和智能程序。整套系统运行后要有两个保障：一是保障排水安全；二是保障水质合格。系统中的弃流收集装置的功效在两个保障中是关键。

弃流装置可以让最初污染相对较多的雨水先流走，不进入收集管道，而让后来较干净的雨水被收集，以减少后续处理难度。弃流装置要求不结淤，不堵塞，运行稳定，以保障排水安全。主题馆安置的弃流系统通过多点信号串联监测控制系统，可以根据降雨量、汇流面积决定弃流多长时间；可以根据雨水水质确定弃流多长时间；根据储水水位控制确定收集雨水多长时间。通过在线监测仪器，只有水质达到一定水平后，系统才能对雨水由弃流转为收集。

弃流系统的设置对收集系统和储水池容量有制约，储水池占地较大，投资也较大，一旦建成，其有效容量要和弃流、收集的雨水规模相匹配，太大、太小都会造成经济上和运行上的问题，这也成为设计研究的主要内容。主题馆的雨水回收系统找到了一个平衡点。

主题馆投入使用以来，屋面没有漏点，雨水回收系统运行良好，已成功地将收集的雨水用于路面冲洗、绿化灌溉、垂直墙面养护等场馆日常使用中。主题馆的回收水利用，如绿化用水、路面冲洗用水、车库冲洗用水、景观补水等是不同的系统，设计中对系统加以集成，达到简约、经济、高效的目标。

1.5.1.2 绿色生态墙系统

在建筑形态各异的上海世博园区，主题馆东西两立面的绿色生态墙屡屡被人提及，它的面积之大是出了名的，它用植物所构成的美丽图案给了人们美好的视觉印象。如果仅看图案，可能看到的是艺术之美，而这样的图案要经历过严冬酷暑后仍然保持完好，甚至更加生机勃勃，支撑它的则是科学技术。从主题馆绿色生态墙的艺术之美中，人们可以探寻到其背后所应用的培育、浇灌、维护系统所体现的科技之美。

发展人工垂直绿化，培育绿色植物墙面，如今在国内虽然不算很普及，但也不算新鲜事。它的好处多多，主要是改善小环境、小气候；造就小景观、小装饰；特别是能为建筑隔热保温、节能减排。主题馆垂直绿化在夏季，可为外墙阻隔热辐射，使外墙表面温度降低；冬季，则不影响墙面获得太阳辐射热，同时可形成保温层，并减缓风速，延长外墙的使用寿命。据测算，主题馆总面积达 5 000 m² 的绿色生态墙使总体建筑节能达 40%，减少空调负荷 15%。

不过做成这件美事，把地上绿化转向空间发展不是一件简单的事情，牵涉到很多新技术的运用。像主题馆立面的绿化属新型的垂直绿化技术，与在墙根栽种吸附和攀援能力很强的植物来绿化墙面不是一个概念，它的植物并不是从土里长出直接攀在墙上，而是脱离土地生长在人工搭建的"架子"上。新型的垂直绿化是将传统的土栽绿化变成空间的无土绿化，植物也从原来的自然环境转向了人工环境，生存和生长环境发生巨大变化。特别是主题馆的绿墙面积之大，世界首屈一指。40多万株植物要离土栽种，并保证存活，这是一个大课题，需要对植物的选择及其生存和生长条件开展研究，有针对性地开发特殊的栽培和管理技术，并采用一定的设备系统实施这些特殊的技术。

各地制作人工绿墙，虽有共性，但具体情况不尽相同。对主题馆制作东西两堵绿墙，建筑设计师有特别的构想，紧扣世博主题，赋予它们"城市绿篱"的意蕴，而表达的方式就是在幕墙表面设计一整片由支撑龙骨搭成的菱形网格结构，好似篱笆，这菱形格子与主题馆屋面的菱形图案一脉相承，实现了建筑肌理的整体统一（图1-70）。看网格上的绿化，底下密集，植物填满了菱形网格，越往上种植得越稀疏，空的菱形也越多，按这样规则布置栽种的绿色植物组成了两幅似乎蒸腾向上的画面，设计师赋予它们"节日焰火"的城市意蕴，也应了世博的城市主题。设计师天马行空，想象无穷，但真要做成这两幅由真实生命组成的"壁画"，并非像用笔作画那么一挥而就，这时需要园林工程师和植物专家出马了。

生态墙上的植物该怎样来种植呢？

图1-70 绿墙的菱形网格结构

国外有多种现成的技术，但经分析，如果引进国外技术均面临气候不适、成本太高等问题。最终，主题馆采用了上海园林工程公司的壁挂植物种植模块技术。园林工程师与设计师共同商议，依据菱形网格的相关尺寸确定模块的尺寸，在工厂定制了以再生PVC塑料为原料的种植模块（图1-71）。所谓模块，实为一个尺寸固定、可以承重、可以悬挂的、有孔长条塑料盒子，是放置盆栽植物的构件，完全不同于进口的垂直绿化种植盘，这种模块原是园林公司的专利产品，现经改造，完全可以适用于主题馆的绿墙结

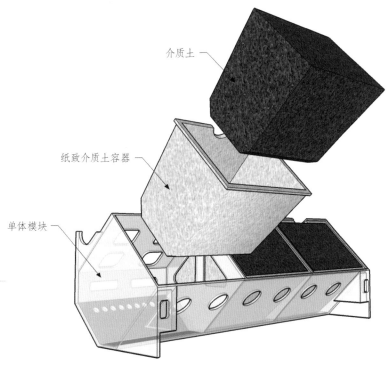

介质土

纸致介质土容器

单体模块

图1-71 种植模块

构。菱形网格背后，按模块尺寸另外加设了挂接模块的角钢。当一排排模块挂上去后，植物在空中就有了安身之地。模块挂上后，呈外偏20°的倾斜，这是特地设计的。这样既不会影响植物向上生长的自然规律，又能让植物绿叶下垂将模块覆盖，让模块和后面的钢架退为"幕后英雄"。

模块托起的小花盆以废纸浆为原料制作，小花盆里还要装上栽培"土壤"。该"土壤"实质是一种介质，它不光要能够支撑植物，还要能给予营养；而营养还必须是缓慢释放的，不能让植物长得太快；同时，这种介质还必须既能透水又能保水。为此，植物园专家专门研制了满足这些要求的栽培介质。

盆中的介质以少量的土和枯枝落叶等有机废弃物为"土壤"和肥料，再添加些椰壳丝等植物纤维。这种特殊配方不仅满足植物两年以上正常生长的需要，还具备轻质、保水、理化性状良好、无异味、不易发生病虫害、介质不松散、不脱落、能与根系紧密结合成一体的优点。介质的配方取之于自然废弃物质，均可以再回收或降解。

垂直绿墙背后连接着许多软管，是为植物输送水分和养料的滴灌系统（图1-72），这是一种先进的灌溉方法。系统通过干管、支管和毛管上的滴头，在低压下将已过滤的水分、肥料向土壤经常缓慢地滴水，使作物根区的土壤经常保持最优含水状况。采用这

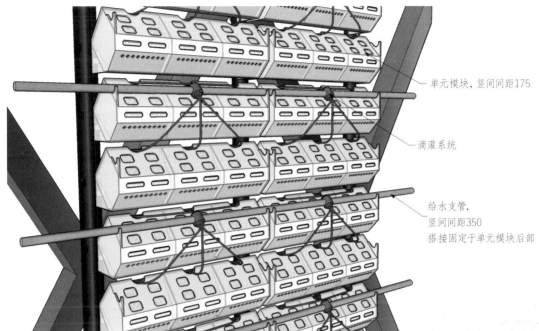

单元模块，竖间间距175

滴灌系统

给水支管，
竖间间距350
搭接固定于单元模块后部

图1-72 垂直绿墙的滴灌系统

一灌溉方式，容易控制水量，比喷灌节省水35%～75%，还不致产生世博会所忌讳的地面径流和土壤深层渗漏。作物根区因能保持最佳供水状态和供肥状态，保障植物长势良好效果明显。

墙面26m的高差造成灌溉系统水压差较大，滴灌系统应用了压力补偿式滴头加滴箭。压力补偿式滴头在水压变动范围较大时，依然能保持流量的恒定，加上滴箭内置紊流槽，使得整个滴灌布水更均匀平衡。为不影响绿化墙体的景观效果，滴灌管道全部布置在景观墙体背部，40多万个花盆一个不漏地都插有滴箭，由电脑精准地控制着营养液和水分的供应，所用的浇灌水则是回收后经过处理的雨水。

绿化墙与内侧墙面间隔 1m，通道间设置 3 道检修马道，分别位于标高 6 m、12m 和 16.8m 的地方，可以方便地检修维护生态绿墙系统。

主题馆两堵世界面积最大的生态绿墙建成后已经历过寒冬酷暑，特别是经历了 2010 年夏天上海难得一遇 40℃高温，墙上的植物仍旧长势良好。而绿墙每平方米的造价远远低于国外技术的报价。

1.5.1.3 一体化太阳能光伏屋面系统

主题馆的屋面硕大无比，凹凸起伏的表面蕴藏着"上海里弄老虎窗"的形象，却又似乎在波光粼粼中体现出超越传统的现代气象。主题馆的第五立面能获得这样的视觉效果，其中运用的深蓝色太阳能光伏发电板独具异功。

太阳能作为可再生的清洁能源正被人们越来越多地关注和利用。在"科技世博"、"生态世博"理念的主导下，主题馆当仁不让地要成为太阳能利用的标杆建筑，具体措施就是把将近 6 万平方米的大屋面做成太阳能光伏发电系统。

何谓光伏发电？回答这个问题要追溯到 200 年前。1800 年，意大利物理学家伏打发明了电池，被命名为"伏打电池"。伏打的成就受到各界普遍赞赏，科学界用他的姓氏命名电势，即将电势差（电压）单位命名为"伏特"，这是"伏打"的音变，简称"伏"。若干年后，法国物理学家贝克勒尔意外地发现，用两片金属浸入电解质溶液构成的伏打电池，受到阳光照射时会产生额外的伏打电势，他把这种现象称为光生伏打效应，简称光伏效应。1883 年，有人在半导体硒和金属接触处发现了固体光伏效应。后来就把能够产生光伏效应的器件称为光伏器件或光伏组件。太阳能电池就是依照以上原理制作生产的光伏组件，当太阳光射到半导体多晶硅材料上就产生电流直接发电。

光伏组件可以制成不同形状，组件与组件相连接，以产生更多电能。我国已有成熟的光伏产业链，包括高纯多晶硅原材料生产、太阳能电池生产、太阳能电池组件生产、相关生产设备的制造等，光伏发电工程在国内方兴未艾，早已不少见，在露天平台及建筑物表面均有覆盖使用光伏板组件的，甚至用在一部分窗户、天窗或遮蔽装置上。这些光伏设施通常被称为附设于建筑物的光伏系统。还有一些太阳能发电厂则把光伏组件安置在宽广的平地上。主题馆将近 6 万平方米的屋面是一个接收太阳能的好场所，但要安置约 3 万平方米的光伏系统用于发电，作为单体建筑，面积规模之大，国内还是头一遭，做成这项工程有一系列难点要解决。

难点之一在于，主题馆屋顶要建设的是一座货真价实的光伏建筑一体化（BIPV）并网电站，绝非小打小闹地利用太阳能。由此引出的问题是：主题馆业主是世博集团，光伏系统的业主是以电力、燃气等能源产业投资运营为主的申能集团，两个业主的利益诉求不同，却牢牢被捆绑在光伏系统与建筑一体化中的目标中。如何平衡两个业主的利益，需要建筑设计师和光伏系统工程师拿出足够的智慧好好研究和摸索。

难点之二在于，光伏电板不是"瓦片"，不是直接铺在屋面即可，它需要有专门的架子搁放。而光伏电板与屋面主体结构之间存在较大温差，导致支架的温度应力较大，需通过合理的构造设计来消除温度的影响。再则，屋面因增加了光伏电板和支架，每平方米的重量远远超过了普通屋顶。屋盖下的支承结构体系原本就遇有超大跨度中的难题，现在头上顶个大电站，屋盖超重，更使难题难上加难。

难点之三在于，要为施工安装以及今后的检修维修设计工作面和操作空间，要为施工安装设计工艺流程。在主题馆屋顶上建光伏电站，没有一项事情不和主题馆本身的土建相牵连，对两方面的建设工序要做周密的统筹。而事实上，主题馆建设的工期非常紧，一环扣一环，要将工作面和工艺流程设计得安全、合理、方便，也非易事。

难点之四在于，主题馆的屋面是张"面孔"，是要特别呈现给观众的"视觉造型"，设计师冥思苦想中抓到的灵感，把体现上海里弄记忆的三角形老虎窗抽象到主题馆的屋顶，而大面积的光伏电板"入侵"，似乎要大煞风景。

一个个难题，也是将人的智慧和精神意志提升到新层面的机遇。主题馆的建设者们最终完美地实现了主题馆建筑与光伏发电系统的一体化，被传为世博美谈。

所谓"一体化"，就是建筑与光伏系统有机结合，现代科技与现代建筑相辅相成。主题馆的整体结构体系在融入了光伏组件

支架的特点后进行了全面的优化，优化的对象除了支架外，还有与安装支架关联的小立柱、轨道梁、轨道、桁架等部件。支架位于金属屋面之上，由于分量重、跨度大，因此需要局部穿透屋面与下面的主桁架结构连接固定，这样一来，对屋面的防水设计提出了大的挑战。设计团队整合了几家专业公司进行协作设计，最终确认了一种特殊的节点工艺，解决了支架构件穿透时的屋面防水问题。

光伏组件屋面的日常维护、清洗、降温等也都是一系列全新的问题，主题馆对此也作了合理而经济的安排，实际运行状况良好。

在解决主题馆建筑与光伏电站一体化的过程中，除了做到结构一体化、系统一体化外，设计师念念不忘的是建筑形态外观一体化。光伏组件不应是破坏主题馆外观的"入侵者"，而应是锦上添花的建筑有机元素。基于这样的理念，设计师们将屋面进行了重新分割，并对屋面材质进行了调整，还采用了一些非常规的光伏组件。光伏组件在屋面呈菱形排列布置，因此除了应用了矩形板外，还需要有异形板；为了创造中庭空间自然光的透亮环境，特地采用了透光的光伏组件。这些异形的、透光的光伏组件都是专门针对主题馆工程研制的。多晶硅片构成的光伏组件因设计师的巧妙安排，给予主题馆屋面更丰富的色彩，更鲜明的特征。

1.5.2 供配电系统及智能化系统设计

1.5.2.1 35/10 kV变配电系统以及低压变电系统

每一个建筑项目竣工都意味着水电系统完成，主题馆也不例外。虽然现在建筑的供配电系统具有常规性、普及性，但不同建筑项目的供配电系统仍然包含有个别性和特殊性，需要有针对性地做设计。设计师为主题馆设计了 35/10 kV 变配

电系统以及低压变电系统，以此解决和满足用电需求。

变配电系统即变电系统和配电系统的合称。变电站是一个改变电压的场所。当发电厂发出电能要输送到较远的地方，必须把电压升高，变为高压电，而电能到了用户附近则必须再把电压降低，降低到所需用的级别，这种升降电压的工作全靠变电站来完成。变电站的主要设备是开关和变压器。配电系统的核心元件是各种级别电流的开关。一个大开关下面接驳若干个小开关，降压后的电能从一个大支路分成若干个小支路给多个负载使用，或再进行更多支路的分配。用户的变电所和配电室建在哪里，建多大，电压怎么降，电能怎么分配都需依据用电需求做出合理而经济的设计。

诸如主题馆这一类大型公共建筑，所采用的机电设备、通信设备和办公自动化设备种类繁多，是电能消耗的大户。而展览场馆还有与一般大型公共建筑不同的突出矛盾，即展会旺季和淡季用电很不均衡；开同样规模的展会，冬季和夏季用电很不均衡；各展厅的利用率不固定，电力消耗也不均衡，展览场馆的用电显示出有很大的波动性。简而言之，主题馆这类建筑一是用电量大，二是用电需求复杂。设计主题馆的供配电系统除了需要解决这两个问题外，还要顾及用户的贴费问题。

贴费是用户缴纳给市政电力公司的费用。按规定，用电户要缴纳供电贴费，即用户应承担 10 kV 以上电压等级的外部供电工程及其配套的建设费用；还要缴纳配电贴费，即用户应承担 10 kV 及以下的外部供电工程及配套的建设费用。用户变配电系统的负荷容量越大，缴纳的贴费也越高。因此，用户的供配电系统设计既要满足用电需求，也要考虑经济合适，避免负荷容量设计偏大，造成贴费支出过高，过高的支出有些是因为考虑不周造成的浪费。

主题馆的供配电系统设计采取了一个"抓前放后"的原则，按照这一原则，设计人员在前期采集各个空间的单独用电量数据时，取满足其需求的最大数值，然后相加求得所有空间同时用电时的最大数值。然而实际运营时，主题馆各个空间同时用电的概率几乎没有，即使在世博会期间也没有用足。设计人员在取得同时用电的最大数值后，计算出一个收拢系数，把最大数值缩小。按照这个被缩小的用电总量，贴费得到控制。

主题馆的总降压站设置在地下一层南侧，内设 35 kV 配电室、35/10 kV 变压器室、10 kV 电容器补偿室、10 kV 配电室及电力值班室。35/10 kV 变配电系统，设置了 2 台装机容量 8 000 kVA 的变压器，用电装机总容量为 16 000 kVA。10 kV 变配电室的变压器装机容量为 26 000 kVA。其系统框架如图 1-73 所示。

根据主题馆的建筑功能及其用电负荷分布特点，在地下一层设置 1 号、2 号、3 号三个变电所，在西展厅地上一层设置 A 号、B 号、C 号、D 号四个变电所，其中 1 号变电所设置 2 台 2 000 kVA 变压器，专供冷、热源主机及其附属水泵用电；2 号、3 号变电所内各设置 2 台 2 500 kVA 变压器，专供东展厅和中部会议厅、多功能厅、办公用房及餐饮用房等多个辅助用房用电；A 号、B 号、C 号、D 号变电所内各设置 1 台 2 000 kVA 变压器，专供西展厅、室外展场

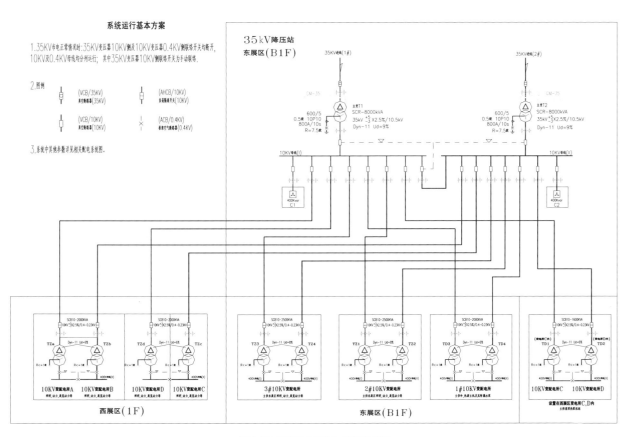

图1-73 35/10kV变配电系统框架图

及相关辅助用房用电;另外,C号、D号变电所内各另设1台1600kVA变压器,专供室外空调热泵机组。

主题馆的用电电源来自市政电网两个不同区域变电站,为两路独立的35kV级电源,当其中一路电源供应发生故障时,另一路仍能确保供电。两路35kV电源分别被引至主题馆地下室35kV高压变配室,系统采用单母线分段分列运行方式,不设母联开关,正常时各带50%负荷。两路35kV电源分别经8000kVA(35/10kV)降压变压器后引至10kV配电室,10kV系统采用单母线分

段加母联开关方式,当35kV侧发生故障时即投入10kV侧母联开关,供全部一、二级负荷用电;10kV高压电缆至各个分变电所均采用放射式供电方式。

主题馆设置的10kV变压器数量较多,电能经变压器再输出后损耗较大,需要对此作补偿,于是在35/10kV变压器和10/0.4kV变压器的低压侧分别集中设置成套静电电容器自动补偿装置,使35kV高压侧功率因数提高到0.9以上。

主题馆基本按区域的使用功能设置变压器,每两台变压器为一组,其负荷容量与该区域功能用电相符。系统中特别对变压器的低压侧做了设计,每一组之间的低压侧设手动联络开关。尤其要保证贵宾接待室、贵宾休息室及消防安保等处的弱电系统绝对不能断电,于是在2号、3号变电所低压侧

设置了移动式应急发电机电源接口，万一两路市电网的电源均停电或发生故障，自备发电机组可以应急供电。每两台变压器主开关及其母联开关之间均采用三锁两钥机械联锁辅以电气联锁，以防止三个断路器同时合闸。市政电网来电与应急发电机电源接口之间采用具有双电源自动切换功能的 ATS 切换开关，并设机械电气联锁。

1.5.2.2 太阳能光伏发电并网系统

主题馆作为世博园区主题演绎的主导建筑在前期规划中就把利用开发清洁能源列入重要内容，把利用大面积屋顶建设太阳能光伏发电系统作为重要的分项目之一。于是，设计师一开始就将屋面的结构、造型与太阳能光伏发电组件、支撑融为一体考虑。经设计，光伏发电组件材料成为构筑屋面造型的有机组成部分；光伏组件的支撑架也被合理地设计进屋盖结构，既简化了施工程序，又保证了建成后的质量；主题馆的整个框架结构和梁架、屋盖结构都是基于光伏发电系统的存在而设计的。这些将光伏发电系统与建筑合为一体来设计，从长远看是较为经济的，大大降低了建设及运营成本。更为重要的是，主题馆光伏发电的最终目标是并入市政电网，供世博园区使用，节能环保的价值和意义不可小觑，因此，光伏发电及其并网系统也是主题馆的重要设备之一。

太阳能光伏发电系统由光伏组件、并网逆变器、计量装置及配电系统组成。屋顶的大菱形结构安置了光伏组件发电，这些多晶硅材料的光伏组件结构形式分普通型和双面玻璃封装透光型两种，全部布置在主题馆的屋顶层，其中普通结构的多晶硅光伏组件接受太阳能可输出的最大功率为 2597kWp，双面玻璃封装透光型多晶硅光伏组件为 228kWp。太阳能通过光伏组件转化出的是直流电能，要并入电网则需将直流电转化为与电网同频率、同相位的正弦波交流电，帮助实现这一转化的设备是并网逆变器。光伏发电系统产生的直流电经逆变器逆变为 380V 交流后，再通过 10kV 升压变压器升压至 10kV 并入电网。

主题馆太阳能光伏发电配套升压站设置于地下一层，内设有升压变压器室、开关室、无功补偿及滤波装置室、控制室、逆变器室等。数量众多的导线从屋顶引出，把光伏发电板与地下机房连为一个系统。这中间，怎么连得合理，连得经济，都要开展研究。

10kV 升压变压器采用非晶合金干式变压器，额定容量 2600kVA，电压比为 10/0.4kV。380V 侧设升压变进线 1 回，逆变器进线共 24 回（其中 1 回备用），电容器 1 回，采用低压抽出式开关柜。10kV 侧设高压并网出线 1 回，电容器 1 回（本期仅预留安装位置）及配套计量柜和压变避雷器柜各 1 台，采用金属铠装中置式空气绝缘开关柜。逆变部分配置 500kVA 三相逆变器 1 台，250kVA 三相逆变器 1 台，100kVA 三相逆变器 20 台，6kVA 单相逆变器 2 台，5kVA 单相逆变器 5 台。其中，5kVA 和 6kVA 单相逆变器共组 1 面逆变器综合屏，其余逆变器单独组屏。为便于逆变器交直流侧接线，由逆变器厂家配置 10 台直流配电柜和 1 台交流配电柜。

电站采用的以上设备和产品全部是国产的，而且一些技术在国内是首次研究，产品是首次制作和采用。如 500 kW 大功率逆变器转换效率高达 96.7%，为国内首次应用，其转化率已处世界先进水平。又如，由于屋顶的菱形结构，采用了大量特制的三角形和梯形的光伏组件板，为此要对这些异型组件的发电特性进行研究，为其配置不同的逆变器，对电流的逆变控制系统也采取了专门的策略。另外，太阳能光伏发电运行受制于光照，晚上和阴雨天都不能发电，变压器空载率较高，空转所耗电能日积月累数量惊人，这有悖于利用太阳能的初衷。主题馆选用了在我国首次应用的国产特制高转换率 2600 kVA 非晶合金变压器，降低空载损耗 70%～80%，提高了系统运行效率。

光伏发电并网系统建成后对检修有较高的要求，因此整个光伏组件的"阵列"布置了精确的监控，在集中监控平台可以清晰地反映出每组光伏组件的工作状态，对可能损坏的光伏组件池能够做到精确定位。发现异常，可以以警报形式通知管理和检修人员。即使在异地，也可通过这套先进的远程控制系统，了解实时数据和实地图像，并采取先进的技防措施，确保这个太阳能大电站安全运行。

主题馆已成为目前中国乃至亚洲总容量居前列的单体建筑光伏一体化并网电站，总发电量 2.5 MW，年发电量达 250 万度，每年可减少约 2500 t 的 CO_2 排放量。

1.5.2.3 智能化系统设计

"智能化"这个词在 20 世纪 80 年代被提出，仅过去 30 年，智能建筑、智能住宅小区就在世界各地的城市里争相诞生，而且智能化的程度越来越高，给人们的生活质量带来革命性的提高。

按照国家颁布的《智能建筑设计标准》，智能建筑的定义是："以建筑物为平台，兼备信息设施系统、信息化应用系统、建筑设备管理系统、公共安全系统等，集结构、系统、服务、管理及其优化组合为一体，向人们提供安全、高效、便捷、节能、环保、健康的建筑环境。"

上海世博会是一个智能园区，场馆区域集成了楼宇自控、闭路电视监控系统（CCTV）、安防报警、一卡通门禁、周界报警、停车场管理、巡更管理、馆内自动化、GIS 等诸多子系统，构筑了一个跨平台、能够实现异构平台集成的智能化系统平台，主题馆毫无疑问是世博"智能家族"中的重要一员。

主题馆实现智能化有八大系统、六大网络、三大系统集成。八大系统是布线系统、消防系统、广播系统、语音数据系统、安防系统、有线电视系统、信息发布系统、楼宇自动化控制系统；六大网络是语音网、内部办公网、数据网、设备网、广播网、门禁网；三大系统集成是消防报警系统集成、安全防范系统集成、楼宇自动化控制系统集成。

说到提高实行智能化的效能和效益，不能不提上海建浩工程顾问公司的两项合理化建议，两项建议为工程节省了投资 400 多万元。

一项是建议将原设计的计算机网络数据网三层网结构改

成二层网结构。因为三层网结构适用于比主题馆数据点多得多的大学园区网、大型企业网、政府网、金融网等。主题馆的数据网主要是为展商服务。改用二层网结构，不仅可以省去 5 台万兆聚汇核心交换机、服务器，而且可以省去分中心机房与聚汇交换机之间的环通光纤和管路。

另一项是建议精简智能化系统集成（IBMS）。原来的设计是更大范围地将主题馆的多个系统集成于一个大平台。而做大平台，除了工程的时间进度不允许，从国内 IBMS 的实际运行看也有问题，国内缺少很好利用 IBMS 进行物业管理的高级经理，一些建有 IBMS 的楼宇，也没有发挥 IBMS 应有的功能，造成浪费。接受该项建议后，主题馆着重做好消防报警系统集成、安全防范系统集成、楼宇自动化控制系统集成三大集成，既省了时间，又省了钱。

最终，主题馆的智能化系统总体框图如图 1-74 所示，从图中可以看出，该智能化系统综合考虑了各子系统之间的功能联动、资源共享以及系统集成，还考虑了与世博园区上级单位的互联。

图 1-75 是弱电子系统的数据逻辑框图，可以看出主题馆各弱电子系统联动功能之间的数据流走向，以及最终管理工作站的结构图。

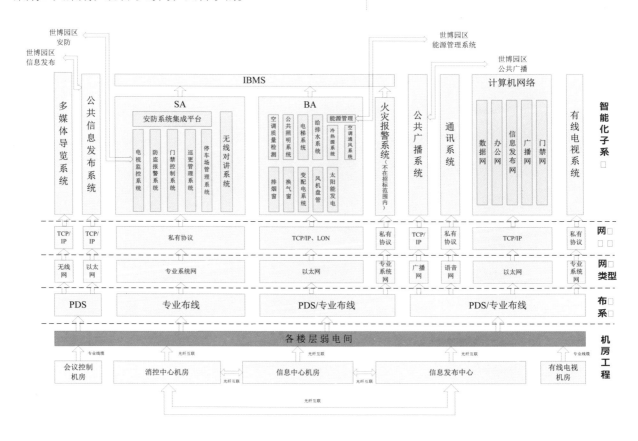

图1-74 主题馆智能化系统框架图

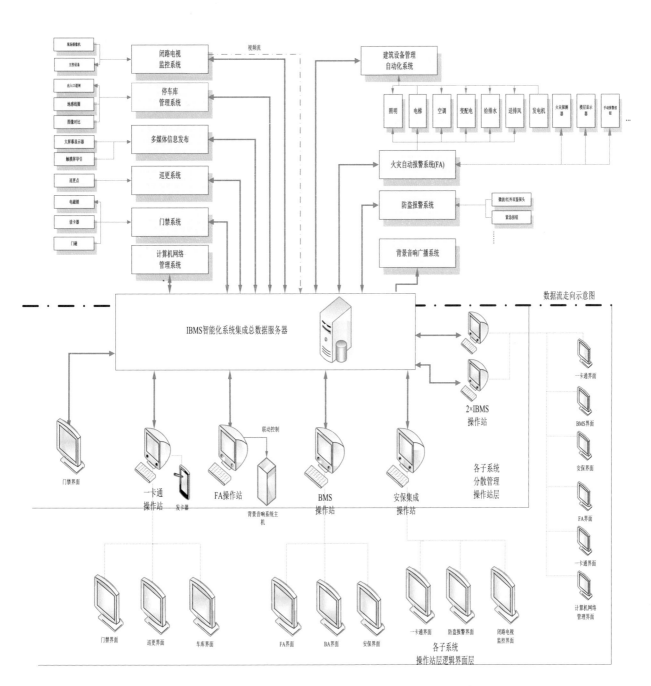

图1-75 主题馆数据流走向及逻辑结构图

主题馆的智能化是复杂的，子项目常与多个子系统接通，一个子系统包含的项目本身也是一个相对独立的系统。以下不分系统的大小和归类，仅对有特点、有代表性的系统作简要介绍。

1. 综合布线系统

通常智能建筑是与弱电技术、综合布线技术连在一起的。所谓弱电，主要指载有语音、图像、数据等信息的信息源。智能化要通过综合布线工程，把语音、图像、数据和部分控制信号系统用统一的传输媒介进行综合管理，形成计算机网络，好比赋予建筑物以"神经系统"，使它不仅能"看"能"听"，而且还能按"神经中枢"的指令做出各种动作，控制各种系统和设备的开关。

主题馆综合布线系统由工作区子系统、水平子系统、管理子系统、主干子系统、设备间子系统五部分组成，采用模块化设计和分层星型网络拓扑结构。核心机房设在地下夹层，由于主题馆跨度超大，一共设计了 34 个配线间作均匀分布，并通过万兆光纤和大对数电缆直接连接到核心机房。一般网络建设的投资很大，缆线安装后往往难以更新，所以，理论上总是考虑采用最先进的布线产品，使一个布线系统至少用 10 年，并能支持 4~5 代的网络设备更新。

主题馆水平布线采用的六类铜缆，缆线内有十字骨架芯子，可以把缆线中一对对线对隔离开来，提高了铜缆的可靠性。主题馆的主干铜缆部分选用超五类大对数，主干光缆选用 XGLO 激光优化多模光纤，为万兆甚至更高级别的应用搭建了一个开放式的主干平台。配合 500MHz 的带宽保证，选用了可支持 5000 次以上插拔次数的六类模块和模块化的配线架。统一的线路规格和设备接口，使主题馆任意信息点都能插接不同的终端设备。值得一提的是，主题馆有 4 个网络

区域选用的铜缆和光缆全部是低烟无卤产品，这种缆线价格高，优势在于包在外面的无卤外皮，一旦遇火灾，因为无卤，燃烧时的有毒烟气大为减少，可很大程度地减轻周围人员和设备的危险性。

主题馆综合布线工程建设了 5 套网络，它们分别是数据办公网、语音网、综合安防网、广播网、信息发布网。这些大网络中还有诸多子系统，现将 5 大网络作简要介绍。

（1）数据办公网：采用了 12 芯万兆多模光纤，从 34 个配线间（IDF）连到网络中心，向用户提供数据通信，满足办公功能需求。

（2）语音网：采用 5 类 25 对大对数电缆作为建筑体语音网的主干，从网络中心到各配线间，向用户提供语音通信。

（3）综合安防网：该系统包括安全监控系统、电子巡更系统、防盗报警系统、车库管理系统等子系统，最后还有一个一卡通管理系统将各子系统集成。

（4）广播网：这是广播系统音频与控制信号传输专网，是主题馆在应急或特殊情况中需要使用的重要工具，也是世博会期间园区内几个全局性的重要系统之一。系统由中央控制计算机、网络型数字式系统管理器、网络型数字式音频输入单元、网络型数字式音频输出单元、数位语音播放器、节目定时器、属消防控制中心的智能型有线遥控话

筒、功率放大器、扬声器等部分组成。

广播网特别重要的功能是发生火灾时，总控设备接到报警以后控制相应的广播设备发布信息。如果总控设备损坏，相应弱电间的网络控制器仍可以按事先设定好的程序播放火灾紧急信息，提示人群疏散撤离。

对于消防与语音的联动，研究人员做了不少模拟分析，特别对大空间的广播语音的清晰度做了研究,从广播器材的选用到安置都力求在火灾嘈杂的环境里也达到好的效果。

（5）信息发布网:该网络是一套能够连接液晶 LCD、LED 等屏幕进行播放的新型系统。它通过集中 IP 网络控制将视频、音频、图片、滚动文字等各类多媒体信息分发至远端网络播放器、并可根据不同的视频、图文编排方式以及不同的时间表播放。

2. 楼宇自动化控制系统

中国高档智能化建筑有"5A"建筑之称，指的是国际化先进的楼宇设备管理，即楼宇（BA）、消防（FA）、保安（SA）、停车场（PA）、办公自动化（OA）。主题馆楼宇自动化控制系统集成了以下 12 项系统，进行楼宇内全方位的自动监察与控制。

（1）冷热源系统:监控冷水机组、热水机组等。

（2）能源管理:监视冷冻站和各区域空调系统的能耗，做能源系统的分析。

（3）空调、通风系统:实现对包括空调机组（热回收）、新风机组和送排风机的监控管理。

（4）公共照明系统:公共区域的公共照明以及景观照明等照明回路的监控。

（5）电梯:监视电梯的运行状态、上下行状态、故障状态等参数。

（6）给排水:控制和监视给排水系统的运行、故障状态，达到集中管理的目的。

（7）排烟窗:控制排烟窗的运行，火灾发生时自动排烟。

（8）换气窗：控制换气窗的运行，根据室内外的空气状态启闭，以调节室内通风和温度。

（9）室内环境监控:实时检测建筑物内的空气质量，连锁相应的空调，通风系统。

（10）变配电:实时监控高低压配电系统的运行参数。

（11）风机盘管:远程定时启停风机盘管，并且监视其运行状态。

（12）太阳能发电系统:监视太阳能发电系统的运行状态，检测运行参数。

在对以上各项控制中，有的项目控制程序相对简单，有的则因项目重要，控制要求高，程序较复杂，需要着力设计形成一个系统。

3. 能源管理子系统

据统计，展览建筑电能的消耗大致比例是:空调用电占到建筑全年总用电的 45%，照明用电占 25%，展览设备用电占 20%,其他设备用电占 10% 左右。从这些数据中可以看出，空调系统和照明系统的节能设计在整个建筑节能设计中占据了举足轻重的位置。另外，展览建筑在不同季节因举办不同内容的展会，电力消耗的波动性很大。因此，节能设计和节能控制不能简单化、一刀切。

主题馆的能源管理系统十分先进，可以替代人工对设备建立完善的设备台账，包括各种耗能设备、产能设备和节能设备的相关基本参数，能动态地在电子地图上显示实时能耗，并可生成耗能设备名称，显示设备固有的静态属性。系统运行中具体有以下复杂的工作内容。

（1）能耗监测：采集各类设备的能耗和场馆各种运行模式下的实时运行变量参数，并自动保存到数据库，作为主要能源消耗的原始数据。

（2）能耗统计：根据各区域、类别、时段及用户的需求，对场馆用能信息分别进行汇集、统计、记录，以坐标曲线、柱状图、格式报表等形式显示、输出和打印。

（3）能耗比较：将某段时间内、基准日期以及规范标准单耗的数据进行比较，得出各类单耗同比或环比数据。

（4）能耗分析：分析用能子系统单位建筑面积的能耗及设备系统基本能耗的特性指标。

（5）能耗发布：通过网络向上级运营管理部门发送能源使用情况分析报表和节能减排量等信息。

（6）能源诊断：分析耗能原因和改善措施，提示场馆运维人员对用能问题进行确认、反馈、改进。

（7）能源预警：对于能源使用异常现象提供事故预警管理数据库，给用户提供事故发生前的提前预警功能，通过自动和人工调整、控制跳闸，防止事故发生。

（8）能源预测：跟踪能源消耗，并为电力网测算能源计划，优化电力能源供应。通过对能源消耗的监视和用量的调节，将所控制的电力负荷发挥出最大效益。

（9）节能诊断：通过计算机系统对各种能耗数据进行统计分析和节能诊断，及时发现各种节能潜力，为管理节能提供依据，为技术节能提供数据基础。

在能源管理系统中设置了直接数字化控制设备（ddc），这是一项构造简单、操作容易的控制设备，它可借由接口转接设备随负荷变化作系统控制，如空调冷水循环系统、空调箱变频自动风量调整及冷却水塔散热风扇的变频操控等，可以让空调系统更有效率地运转。

4. 智能配电系统

主题馆变配电系统十分庞大而复杂，实现智能化管理毋庸置疑。主题馆在地下一层南侧设置一座总降压站，里面设置了35 kV配电室、35/10 kV变压器室、10 kV电容器补偿室、10kV配电室及电力值班室。另外根据建筑功能及其用电负荷分布特点，在地下一层设置1号、2号、3号三个变电所，在西展厅地上一层设置A号、B号、C号、D号四个变电所。

变配电所安置有监控系统，变配电所内每个开关柜上都装有综合保护测控装置、智能电子仪表等，这些设备一起组成主题馆变电所的综合智能化管理系统，可以对电能自动计量、监测、调度、保护等。该系统为分层分布式结构，按照功能划分为后台机系统、服务器系统、前置机系统三个子系统，之间采用高速以太网通信，遵循国际上标准的 TCP/IP 通信协议。前置机和保护装置、智能模块之间采用主流工业接口（如 RS485 等），内嵌 IEC870-5-103、Modbus RTU 等通信规约。该系统为主题馆楼宇管理系统（BA）、办公自动化系统（OA）、管理信息系统（MIS）等留有接口，内部各个系统可以实现无缝集成。整个系统运作时可快速实行对变电所的连续监视与控制。

5. 机房管理系统

主题馆的弱电系统机房包括信息中心机房、消控中心机房、信息发布中心机房、会议控制机房和 34 个配线（IDF）机房。这些机房都需要在建筑、装修、环境、消防、安全电源、不间断电源（UPS）、空调、防雷及接地等方面作出规划和设计，建成后需要对其进行监控和管理。主题馆对机房的监控管理也是一个智能化系统，整个系统采用模块化、结构化设计。各机房通过局域网络和总线的所有接入点有机地结合起来，形成一套全方位的机房监控体系，随时监控机房的环境变化并自动报警，如图 1-76 所示。

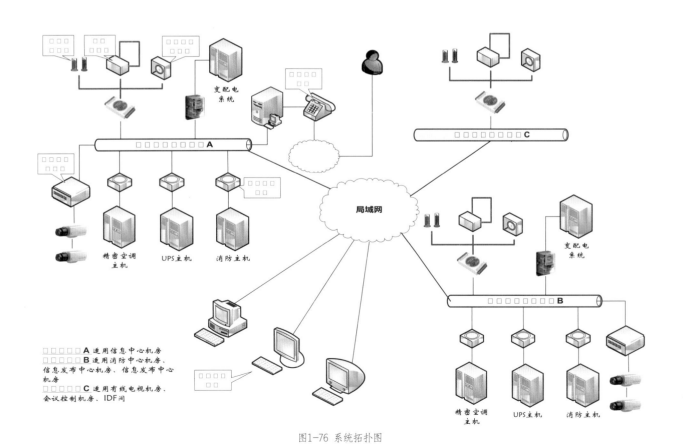

图1-76 系统拓扑图

1.5.2.4 智能化集成系统（IBMS）

在建筑楼宇中可以设计诸多智能化的控制管理系统，但是如果它们完全各行其是，就会对信息资源和设备资源造成浪费，而且管理效能也不会很理想，所以，智能建筑所追求的最重要目标是将建筑内的诸多系统、结构以及管理和服务有机地结合起来，达到智能系统集成化，形成一个资源共享，操作便捷的统一平台。人们评判建筑楼宇智能化程度的最高标准也是要看智能化集成技术应用得如何。应用了该技术，被集成的子系统从技术层面就更符合信息时代的要求，也给人们带来更多节能环保的好处。主题馆的建筑智能化系统集成平台包括控制网络平台和通信网络平台。

智能化集成系统以分布式网络与集散性控制理论为基础，既强调系统的综合管理，也要确保各子系统的独立运行能力，维持子系统的相对独立性，并要求模块化；集成平台做成数据层、业务层、表示层（B/W/S）三层结构，能满足各种通用接口，能实现不同厂家、不同接口方式的子系统接入等要求。

主题馆六大弱电系统，即楼宇设备自控、火灾自动报警、视频安防监控、入侵报警、电子巡查管理、出入口控制等系统采用了标准化的外接口，在保证这些弱电系统稳定运行的基础上，将其有效地集中在一起，实现系统与系统间的有效联动，生成能够涵盖信息的收集与综合、分析与处理、交换与共享等能力的综合性管理平台。

通过智能化集成系统平台，不需要安装专用软件，用户就可以在主题馆任何网络连通的地方，随时随地通过浏览器全面地了解各子系统情况，包括运行状态、故障和报警，可以及时应对各种突发问题。智能化集成系统中子系统的功能点采用统一标识，这使得各子系统间有了策略联动的可能，即当一子系统状态发生改变时，另一子系统如有相应操作要求，可通过集成系统预先设定的联动规约及时跟进。在节能环保方面，智能化电能计量与管理系统和智能照明控制系统均接入楼宇管理系统（BMS），各专业系统既独立运行，系统集成后又可以集中管理，集中数据汇总分析，为管理节能提供依据、为技术节能提供数据基础，及时发现各种节能潜力，形成总的能源运行策略。在室内环境监察与控制方面，当实时检测分析到展厅室内的温度、湿度或空气含氧量的不良影响很大时，监控系统通过 BMS 系统联动相应的空调、通风系统来改善室内环境，在保障场馆舒适性的同时，又能有效控制能耗。主题馆的智能化集成系统还实现与世博园区上级部门的系统接口，具有交换信息和通信数据、进行联调的功能。主题馆智能化集成平台投入使用后，各系统均按原来既定的设计目标正常运行。各系统的有效数据已初步积累，对系统稳定运行起到良好作用，业主、工程承包方、系统运行管理方均反映情况良好。

2 建筑施工技术

2.1 深基坑施工技术

主题馆于 2007 年 11 月 10 日开工，2009 年 9 月 28 日竣工移交布展，历时 688 天，成为世博园区第一个建成的、具有永久性质的场馆。两年不到的时间建成这样一座大规模的一流场馆，每一个建设流程和工序的压力都是巨大的。近年人们对赶工期、赶进度的工程多有诟病和反思，但在中国国情下仍呈压不住的态势。不过，从另一方面看，时间紧、任务重倒也逼出了急中生智、逼出了创新方案、逼出更科学严谨的计划，调动了人的创造力和潜能。

按原定计划，给予主题馆的建设工期是 20 个月，给予主题馆整个地下围护及施工的时间是 8 个月，工期的紧迫性异乎寻常。之前，建设者们对施工方案做了很多研究和准备，基坑工程 2008 年 3 月开工，同年 6 月结束，由于采用了最合适的基坑维护结构体系和开挖计划，结果提前绝对工期 2~3 个月，好比 400 m 接力赛，第一棒就跑出了速度，开局有利，为整个工程的推进赢得了宝贵时间，同时也节约成本 1200 万元。

纵观整个基坑工程，有三处具有创新意义：一是将小放坡开挖与重力坝结合的方式运用于超大深基坑围护，尚无先例；二是创造性地在重力坝坝体中套打灌注桩，提升了重力坝挡土的优势；三是创造了全过程交叉流水施工控制作业法，精准地安排各道工序，赢得了时间和高效。

2.1.1 用两级放坡结合重力坝基坑围护赢时间

人们都见过平地造房子，无论大小，都必须先挖个基坑，房子矮小，基坑挖得浅；房子高大，坑基挖得深些、大些；房子有地下室，基坑就挖得更深。人们也都知道，在泥土里挖坑打洞，如果没有东西围护和支撑，这个坑或洞会坍塌、变

形，就连马路上开挖铺设水管，也要有挡泥板和支撑做沟壁的围护，特别是上海这样的软土地区，基坑的围护尤为要紧。

上海软土地区的基坑施工一般情况下可采用的方式有以下几种：① 放坡开挖；② 重力坝围护；③ 围护结构内设水平支撑；④ 如果基坑面积较大，在同样的围护条件下也可以采用中心岛法挖土。从安全性、施工周期、对结构主体影响以及经济性等方面分析，放坡开挖方式仅适用于周边条件较好的浅型基坑；而用重力坝围护挡墙方式虽然造价较低、工期较短，但一般仅适用于深度 5 m 以内的基坑；采用带支撑的围护形式，基坑施工周期较长，造价较高。

主题馆的具体情况是，东展厅和中庭之下设计有地下室，离地面约 10.2 m，这部分的基坑属于深基坑（该处是主题馆整个基坑工程的主要工作量和工作难点所在，本章节所述的基坑施工及研究均指该处），主题馆的工期非常紧迫，以上的几种基坑施工方式单独采用均有问题，于是，建设者们思考如何将这些方式的长处进行融合优化来解决问题。以往有较小型的基坑采用放坡卸土结合重力坝围护获得成功，主题馆所在位置周边环境较宽敞，没有建筑物，离道路距离也较远，具备一定的卸土条件。不过，放坡结合重力坝围护体系对主题馆是否合适呢？

选择何种基坑围护方式，有四点需要着重考虑：一要考虑该基坑围护方法实施的

可能性；二要考虑围护的可靠性；三要考虑对主体结构有无影响；四要考虑是否经济，围护的成本要与目标和效果相匹配，对主题馆来说还要考虑与工期要求是否相当。研究人员比对了三种基坑围护方式：第一种是两级放坡＋深层搅拌桩重力坝体系的围护方式；第二种是钻孔灌注桩＋止水帷幕＋两道钢抛撑的围护方式；第三种是钻孔灌注桩＋止水帷幕＋内支撑（两道混凝土平撑）的围护方式。

比照下来，三种围护形式在技术上都是可行的，其中第二种围护形式安全性最高。对主题馆来说，第一种基坑围护方式经济性最佳，如考虑工期影响，优势更为显著，但在安全控制方面对设计及施工提出了较高的要求。具体情况可以从表2-1中了解。

第一种"两级放坡＋深层搅拌桩重力坝体系"的围护方式与其他两种方式在技术方面最大的不同在于它是不采用支撑的。支撑的作用是用来临时顶住挡土墙的，当工程进行到不同阶段，要数次更换支撑，直至其最后完成"历史使命"全部拆除。这一施工环节虽耗时又费钱，但对其他很多建筑来说是常用的技术，这也是人们在建筑发展过程中所创造的必要施工技术。但是，对工期紧迫的主题馆来说，由于基坑跨度大，如采用一般含支撑的围护形式需要设置大量混凝土支撑及立柱桩，光是这些支撑的施工、支撑构件强度的养护以及地下室施工阶段的拆撑、换撑就要占用相当长的时间，使工程的计划进度很难保证。因此，无支撑的放坡基坑＋重力坝方式是主题馆更好的选择。

实施无支撑放坡方案最重要的条件是基坑周围要有足够大的场地，使得开挖后的基坑可以有一个平坦的坡度，以此降低基坑壁坍塌的可能性。这时开挖的基坑就像一个张口很大的米斗，上大下小，这样的基坑无疑比有支撑的基坑占地

表2-1 三种围护方式的比较

支护系统	安全、可行性	工期	经济性	对主体结构影响	优缺点
两级放坡＋重力坝	可行	8个月可行	约3700万元	无	基坑稳定性满足，且满足下部及上部结构流水施工进度。经济性最优。对设计及施工控制要求高
灌注桩＋止水帷幕＋钢斜抛撑	可行 安全性较好	11个月 不可行	约4500万元	有一定影响	止水效果好，围护变形小；工期无法满足建设要求。经济性一般
灌注桩＋止水帷幕＋两道混凝土平撑	可行	13个月	约6000万元	有一定影响	止水效果好，围护变形较小，但严重影响施工进度，无法满足建设工期要求。且支撑与板墙的接头处理较难，不易满足墙板防渗要求。经济性差

要大很多。当然，所谓"米斗"只不过是为了说明问题做的简单比喻，主题馆基坑的真实情况并非完全如此。主题馆采用的是两级放坡，基坑不是一抹人平坡，而是中间有一个平台的两级坡。在坡脚则打了水泥土搅拌桩筑成一道重力坝，由它来承担以下的挡土任务。

设计方案中基坑地面位置长约 280 m，宽约 180 m，面积 5 万平方米左右；基坑深约 10.2 m，卸土约 6 万立方米，是一个超大型的基坑。放坡加重力坝基坑围护方案由于无须预留支撑的施工、养护以及拆、换撑周期，使得基坑施工期限控制在 8 个月内成为可能。

2.1.2 重力坝套打灌注桩增加强度

二级小放坡开挖结合重力坝方案从理论上给主题馆建设赢得了可能的时间，围护方案在技术上可行，基坑稳定性经计算满足要求。但由于在软土地基如此大型的基坑中采用放坡结合重力坝的围护形式尚无先例，对设计方案的优化及施工的合理组织提出了相当高的要求。

按照实施方案，施工开始，从原地面往下到 -5.3 m 范围采用两级放坡，先挖除上部 5 m 的土方，坡度 1 : 1.5，中间平台宽 2.5 m。放坡方式理论上限于 5 m 深的浅坑较安全，再往下挖就不保险了，因此创新方案里采用了水泥土搅拌桩重力坝来做往下的围护 (图 2-1)。以下我们先来了解一下重力坝的作用机理。

水泥土深层搅拌桩是加固软土地基的一种新方法，费用低、施工工期短，是利用水泥、石灰等材料作为固化剂，通过深层搅拌机械，将软土和浆液或粉体等固化剂强制搅拌，利用固化剂和软土之间所产生的一系列物理化学反应，使软土硬结成具有整体性、水稳定性和一定强度的桩体。

在软黏土地基中开挖深度为 5~7 m 的基坑，应用深层搅

拌法形成的水泥土搅拌桩挡墙，不仅具有一定的强度，还具有防渗性能，可同时作为防渗帷幕。重力坝式挡墙，多采用格栅形式，这种支挡结构不透水，不设支撑，使基坑能在敞开的条件下开挖，而使用的材料仅水泥而已。

重力坝虽有这些优点，但一般仅适用于深度 5 m 以内的基坑，而主题馆的基坑深度在 10.2 m，超出了它的适用范围，能行吗？此时的方案创新点在于，搅拌桩是从已经挖去 5 m 厚土层的位置往下打，它所负责挡土的基坑部分深度也只有 5 m，14 m 长的 φ700 搅拌桩筑成了 5.2 m 宽的重力坝。

但是仅此而已的重力坝本身却不是最保险的，水泥土搅拌桩是一种具有一定刚性的脆性材料构成，其抗拉强度比抗压强度小得多。在主题馆基坑环境下重力坝既受到墙背土压力，又有施工的荷载，这些作用力会使它产生滑移，受到剪切破坏的可能性很大，经计算，这时的重力坝几乎没有安全储备。设计人员拿出了为重力坝体"增强体质"的方案，就是在坝体中套打 16 m 长、φ600@3000 的钻孔灌注桩。灌注桩中因为加了钢筋，性能大不一样，它具有较高的抗弯、抗剪强度，具有较高的可塑性和较大的刚度。它的加入，无疑也给坝体增加了抗弯、抗剪性能，使坝体减少了产生脆性破坏及失稳的可能性；同时也减少了坝体的开裂可能，提高了坝体的防水

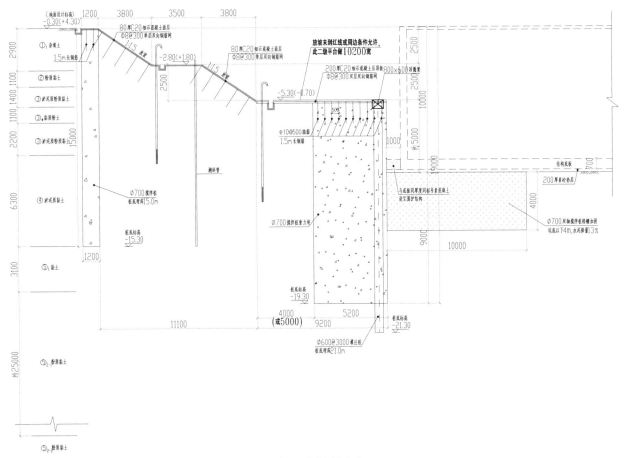

图2-1 基坑围护方式

性能。在坝体中间隔套打的钻孔灌注桩最后还通过坝顶的压顶圈梁被连成一体，经过如此"健身强体"，重力坝担当重任、有效控制基坑变形的能力大大增强。原本只在浅基坑出现的卸土放坡和重力坝围护形式，被注入了创新点子，在主题馆这个超大基坑中露了脸。

当然，基坑围护中卸土放坡和重力坝是"主力"，但也不能忽略其他配合力量。为保证边坡稳定，确保边坡及基坑安全，坡面采用细石混凝土加钢丝网片来维护，基坑坑底每隔约20m设10m宽、10.2~15.2m长的暗墩来进一步加固，暗墩采用搅拌桩隔栅布置，桩长4m，以控制基坑位移与变形，确保边坡及基坑安全。

基坑也有少部分地方如东侧、东南角及南侧局部，因距离红线较近，无法分级放坡，只能采用带内支撑的支护体系。通过技术、经济综合比选，采用21.2m长的φ850SMW工法桩，这种桩内部插有H700×300×24×13型钢，采取密插的形式，并设置一道混凝土斜撑或两道水平支撑。

基坑的止水也是十分重要的，方案在坡顶设计了1.2m宽、15m长的φ700搅拌桩构成止水帷幕，还采用了井点降水措施，挡住地下水对建筑主体的侵蚀。同时在坡顶与坡脚设置排水沟，减少明水对坡体的侵蚀。

2.1.3 基坑围护施工与开挖施工

虽然建设者们就基坑围护想出了不少好办法，但只要基坑工程一天不完工，这么大的基坑仍然隐藏着不确定因素，如工期仍然是牵动人心的难点；基坑暴露阶段重力坝坝体变形的可能性仍然存在。所以，在确保安全、质量的前提下最大限度地使各工序有效搭接，是工程成败的关键；在制定措施确保围护结构施工质量的同时，合理安排挖土及相关施工工序，是基坑工程成功与否的又一大关键。

主题馆的工程桩由南向北施工，由此确定了围护施工的总流程也由南向北流水作业进行。只要前面的工程桩沉桩后确保交出30m左右的工作面，外围止水帷幕的施工马上开始，后续紧跟卸土及重力坝施工，同时布置护坡井点及预降水井点，为由南向北分两层分块进行挖土施工创造有利条件。所以，接下来的目标是尽可能做到各工序最大限度搭接，使整个基坑施工周期缩到最短。第一步的围护工程订出纵向和横向两个施工流程。

纵向施工流程（图2-2）：止水帷幕施工→一级边坡开挖（至−3.0m标高）→一级护坡井点及护坡施工→重力坝位置卸土（至−5.5m标高）→重力坝、暗墩、钻孔灌注桩施工→二级护坡井点及护坡、压顶板、梁施工。

另：重力坝位置卸土前2周左右，设置挖坑明降水或轻型井点降水。

横向施工流程：在基坑东南角、南侧圆

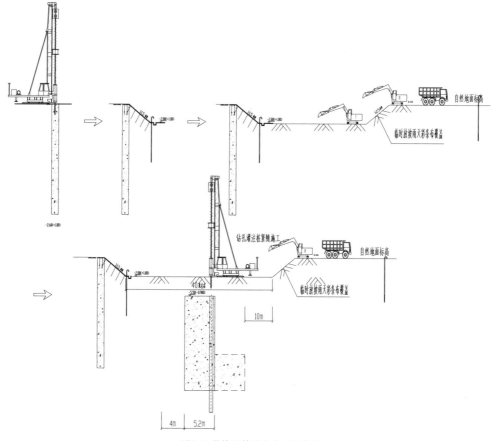

图2-2 基坑围护纵向施工示意图

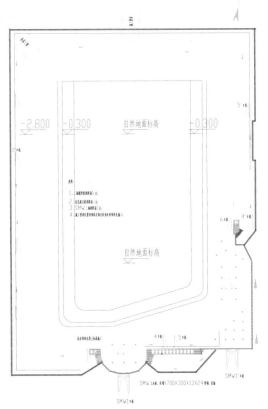

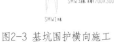

图2-3 基坑围护横向施工

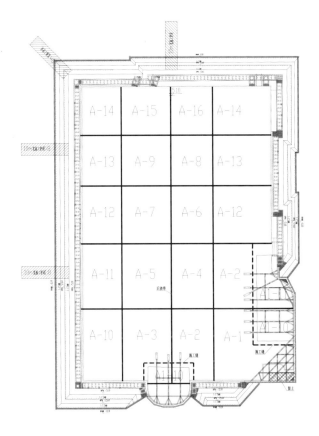

图2-4 基坑底板分块

弧段分别设有 SMW 工法桩和水泥土重力坝两种围护形式搭接接头（图2-3）。此部位先进行搭接部位重力坝施工（原土面空钻），再进行 SMW 工法施工。重力坝顶面标高高出 SMW 工法位置锁口梁顶面标高 20cm 左右，并与-5.5m 位置重力坝斜线拉直。

要控制好围护的变形，挖土也大有讲究，设计一个有效的挖土方案成为影响整个基坑围护方案的重中之重。经过周密的思考和工时计算，确定了一个"分层分块中间退挖全过程交叉流水施工控制"挖土方案，现场根据设计后浇带留设位置及局部支撑设置将基坑底板划分为 23 个分块（图 2-4），采用 2 次降水 2 次挖土形式进行施工，达到整个基坑挖深 10.2m 左右。挖土施工流程如下：一级疏干井点施工（由南向北）→首层卸土至 -5.300 标高（与重力坝位置卸土配合由南向北进行）→二级疏干井点施工（按 2 次挖土分块布设）→按 23 个分块流水进行二次挖土至设计标高（后来又细划为 29 块）。

主体工程基坑面积较大，采用盆式开挖，先开挖中心区域，基坑四边坡顶留土不少于 15m，待中心区域垫层浇筑完毕后再分块限时开挖边坡土体。开挖过程中必须随挖随浇捣垫层，土方开挖严格控制挖土量，严禁超挖。局部支撑处，待支撑浇筑完成并达到强度后，再分块、分段开挖至坑底，浇筑垫层和底板。图 2-5 为基础（1 号块）施工场景。

基础垫层施工

基础底板钢筋施工

基础大底板浇筑完成

图2-5 基础（1号块）施工场景

土方开挖遵循"分层、分块、留土护壁、对称、限时开挖"的总原则，利用时空效应原理，减少基坑的暴露时间，严格控制基坑变形。并将已经划分的分块，延续至土建结构完成。由于在结构施工阶段各分块施工内容相对独立，互不干扰，可作为独立单元，安排相关施工内容；使得后续钢结构施工在第一块土建结构完成后即可提前介入，同时由于各分块呈总体由南向北的阶梯式施工，实现了钢结构、幕墙、安装等专业工程也可以由南向北连续施工。

由于采用分块、对称挖土，也使整个长达280 m的重力式围护挡墙在未完成底板换撑阶段的暴露长度控制在80 m以内，大大增加了基坑的安全性。

2.1.4 施工监测

从决定采用放坡卸土结合重力坝的围护形式，建设者们就知道，该围护形式有优势，但缺点也不可忽视，它相对变形较大，需时时观察变化，十分重视控制。所以现场采用先进、可靠的仪器及有效的监测方法，对基坑围护体系和周围环境的变形情况进行监控，为工程实行动态化设计和信息化施工提供所需的数据，使工程始终处于受控状态，确保了基坑及周边环境的安全。

监测依照规定，在围护结构施工到基坑开挖前，每三天一次；基坑开挖阶段至底板完成前，所有测点每天至少一次；底板浇筑完毕后，每三天测一次；特殊紧急情况下监测频率还要提高、加密；对具有典型代表性的测斜点上的监测结果进行信息化处理。

监测内容根据此基坑围护设计方案确定，并根据实际情况进行调整优化：

（1）周边环境变形监测。包括周边地下管线变形监测和周边道路沉降监测。

（2）围护体系变形监测。围护结构顶沉降及位移监测，共40点；围护结构侧斜变形监测，共21孔；支撑轴力监测，共8断面；立柱隆沉监测，共8点；坡顶测斜，共13孔。

（3）坑外地下水位监测。坑外地下水（潜水）位监测，共37点。

由于在整个基坑施工阶段严格按确定的技术方案施工，合理安排工序流程和搭接，并在施工过程中采用准确、及时的监测手段，使得所制定方案的安全性、快速性、合理性得以落实，在无支撑的放坡卸土结合重力坝围护体系范围，平均累计测斜控制在50 mm以内，较之论证阶段设计及专家提出的安全值尚有较大的安全储备。

图2-6为基坑施工现场图片。

图2-6 基坑施工现场图片

2.2 东区钢结构屋盖滑移安装技术

人们重视架梁，是因为梁在建筑承重结构中具有举足轻重的作用，不能掉以轻心；还因为架梁既是技术活，又是力气活，特别是在起重设备落后的情况下，把梁高高举起搁置到位很不容易。在现代建筑建造中，尽管诞生了许多先进的起重设备，使架梁施工变得轻松容易，但是，并非所有的架梁施工都是如此。因为，人们总在挑战自己，制造新的难题，然后解决难题，由此又创造了新的技术或积累了新的经验。主题馆就是这样的工程，它的超大跨度和超短工期对施工来说，是人们自己制造的两大难题，它们交汇在一起则更增加了复杂性。

2.2.1 东区钢结构屋盖安装方案选择

大型建筑选择梁架形式须将架在梁上的屋顶结构一并考虑，统称屋盖结构。主题馆施工分成东西两个区域，西区即西展厅，屋盖结构为张弦桁架结构，前文大跨度设计章节叙述过该结构的创新特点，下一节会详细介绍如何进行施工，本节不作叙述。东区是东展厅和中庭，拥有地下一层和地上两层，该区长180 m（定位轴线标号A轴~W轴），宽153 m（定位轴线标号9轴~26轴），该区从下到上采用了多种结构形式。地下结构采用劲性钢柱，这是一种型钢混凝土组合结构，为原国家建设部推广的新技术之一；地上部分为钢框架结构；二层为井格梁结构，井格梁为一种双向结构梁布置在同一平面内的系统（二层在世博会期间只封闭了小部分做平台，所以一层与二层是贯通的）；再往上的屋盖结构是普通的钢桁架结构，说是普通，架设起来可一点也不普通。以下着重对东区这一施工环节做介绍。图2-7为钢结构屋盖布置图，图2-8为钢结构剖面图。

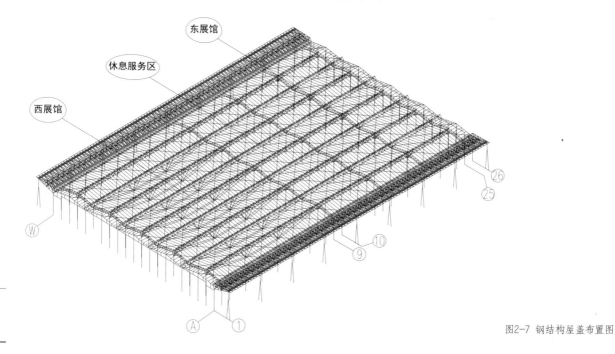

图2-7 钢结构屋盖布置图

西展馆　　　　　　　　　　　　休息服务区　　　　　　　东展馆

图2-8 钢结构剖面图

照理说，在东区架设屋盖结构不是难事，这里不像西区是无柱空间，东区的 10 轴、15 轴、20 轴、25 轴位置是主体钢框架，按常规，既可采用将小构件吊到高处位置焊接成一体，也可先在地面将小构架连为一体，再用大吨位的起重设备把结构吊上去就位。然而，事实没有这么简单。

第一，此处的屋盖结构工程体量大，构件数量多。主桁架是截面边长为 3m 的正置正三角形管桁架，总长是 54m＋45m＋45m，三跨 144m，构件之间为钢管相贯线连接。屋盖主桁架之间用联系桁架相连接，还有屋面檩条和支撑，这些如果都在现场吊装和焊接，工作量极大。

第二，在前一节"深基坑施工技术"中，作为"金点子"介绍了东区地下室挖土施工由南往北划分了 29 块作业区，在巧妙安排下，地下室的土建施工与上部的钢结构施工互不干扰，穿插进行。不过，凡事都有两面性，这一方法既为钢结构提前进入施工创造了条件，也制约了钢结构按常规放开手脚施工，而必须时时与土建施工搞协调。

第三，到了要架设钢屋盖结构的时候，更与地下室的结构施工进入两难的纠结：一难是吊装屋盖结构的大型吊车找不到立足之地；二难是大吊车有立足之地，地下室施工就只能待工了。

原来，现场安置吊车，有两种位置，一种是跨外，也就是在主题馆东区结构以外地面；另一种是跨内，即东区的范围内。在跨内，也有两个位置，一个在地下室底板，也就是往地下约 10m 的地方，另一个是在浇筑好的地下室顶板上。所以，安置大吊车理论上一共可以有三个位置，而实际上一个也不可行。

先说跨外。准备钢屋盖结构吊装的时候，地下室基坑放坡尚未回填，根本没有地方安置大型起重机械，若在跨外东西两侧安置，则因东区的东西向长达 153m，吊车回转半径过大，难以操作。

再说跨内。先说在地下室顶板，此顶板亦即地上一层的 ±0.00 底板，承载力小，每平方米只能承载 2t，只能上 25 t·m 的小型汽车吊，大型吊车是不可能上去的。要上去也有办法，

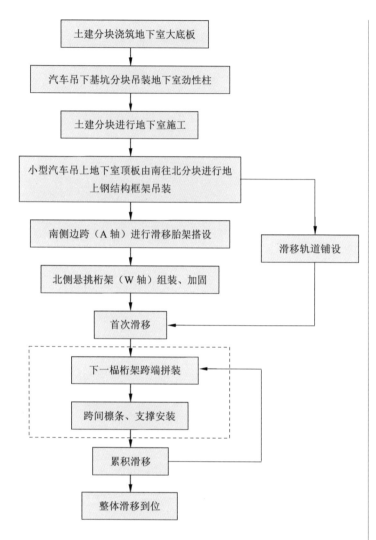

土建分块浇筑地下室大底板

↓

汽车吊下基坑分块吊装地下室劲性柱

↓

土建分块进行地下室施工

↓

小型汽车吊上地下室顶板由南往北分块进行地上钢结构框架吊装

↓

南侧边跨（A轴）进行滑移胎架搭设 　 滑移轨道铺设

↓

北侧悬挑桁架（W轴）组装、加固

↓

首次滑移

↓

下一榀桁架跨端拼装

↓

跨间檩条、支撑安装

↓

累积滑移

↓

整体滑移到位

图2-9 东区钢结构施工工艺流程

就是加固地下室顶板，并等待它达到强度，这无疑要浪费很多时间。如果真用150t履带吊车来吊装，需要同时用3台，在地下室的底板和顶板之间还需要增设大量临时支撑，这直接影响了地下室后续的土建和安装施工，对总工期的负面影响很大。

还说跨内。如果大型吊车安置在地下室底板上，情况如何？这时，地下室的顶板就不能施工，只能等吊装完毕再来封加顶板。

无论是吊装工程窝工还是地下室工程窝工都为主题馆工期所不能容忍。摒弃吊装方案，选择滑移方案，是建设者们研究后的共识。

滑移方案的全称是"跨端组装，累积滑移"施工方案。依照该方案，可以妥善安置两台塔吊，将构成屋盖结构的管桁架、檩条、支撑、联系桁架等构件起吊后在跨的端部位置进行组装，然后组装好的屋盖结构一榀连着一榀，通过液压设备的作用力，由南往北滑移，最后——到位。

这一施工方案的实施作业面是在南面A轴位置的高空，既不影响地面北部尚在进行的钢结构框架吊装施工，更不影响地下结构施工。原"金点子"设计的地下结构、地上钢框架结构和钢屋盖结构三者的流水作业法得以实现。滑移方案既能保证安全，又能提高工作效率。东区钢结构总体安装工艺流程见图2-9。

2.2.2 屋盖结构在高空累积滑移

实施滑移技术要准备几项硬件设施。

第一件是大型塔吊。因滑移从 A 轴位置开始，由南往北进行，所以在 A 轴以南地下室大底板上布置了两台高吊，选用的型号分别为 MC480（450t·m）和 K50/50（400t·m），高吊桩利用原工程基础桩。两台塔吊起重高度高，作业半径大，回转灵活，对于散件吊装尤其有利。

第二件是胎架。胎架是工地现场起辅助施工作用的临时结构物，在 A 轴南侧搭设了专门为拼装桁架结构物服务的胎架（图 2-10）。管桁架、檩条、支撑、联系桁架等均被吊起搁在胎架上拼装和焊接，每榀主桁架分 8 段进行组装，每段 15~18m，最后连为一体，既保证了安全又大大提高了拼装速度。

第三件是滑行轨道。滑移轨道的设置利用东区地上施工完的钢结构框架，在 10 轴、15 轴、20 轴和 25 轴位置上分别设置 1 条滑移轨道，一共 4 条。轨道采用标准 50kg 级轨道，通过轨道压板固定在轨道梁（结构框架梁）上。四条轨道间距皆为 45m。滑移轨道布置模拟图见图 2-11。

第四件是自锁型液压爬行器（图 2-12）。它是滑移的驱动设备。液压爬行器为组合式结构，一端以楔形夹块与滑移轨道连接，另一端以铰接形式与构件或滑移胎架连接，中

图2-10 塔吊和组装胎架布置

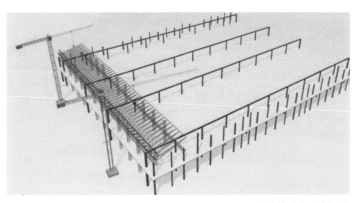

图2-11 滑移轨道布置模拟图

图2-12 液压爬行器

间则是油缸，油缸利用液压来驱动爬行。

液压爬行器的楔形夹块具有单向自锁作用。当油缸伸出时，夹块工作（夹紧），自动锁紧滑移轨道；油缸缩回时，夹

块不工作（松开），与油缸同方向移动。

巨大的屋盖架结构最后能在轨道上滑移到预定的位置，全靠液压同步滑移施工技术。人们很早就懂得依靠液体介质的静压力，完成能量的积压、传递、放大，实现机械功能的轻巧化、科学化和最大化，并利用液压原理发展了各种实用的液压技术。液压同步滑移施工技术是计算机控制技术和液压爬行器的完美结合，该技术通过数据反馈和控制指令传递，来实现爬行器的同步动作、负载均衡、姿态矫正、应力控制和操作锁闭等，能显示运行的全过程，并具有故障报警功能。

主题馆东区屋盖滑移方案计算了桁架的支撑反力值和摩擦力，得出配置爬行器的规格及套数，制定了液压爬行器的布置原则和泵源系统配置。

四条轨道中，在两边的 10 轴、25 轴各布置一台 TJG-1000 型液压爬行器，各采用 1 套泵源系统控制，每套泵源系统由 1 台 TJD-15 型泵站及液压回路等组成；在中间的 15 轴、20 轴各并联布置两台 TJG-1000 型液压爬行器，各采用 1 套泵源系统控制，每套泵源系统由 1 台 TJD-30 型泵站及液压回路等组成，一共用了 6 个爬行器。

液压同步滑移施工技术在许多大型屋盖工程中都得以应用。主题馆东区滑移安装的全称是"跨端组装，累积滑移"，整个屋盖结构连同南北两大挑檐，共有 11 榀主桁架，累积滑移工程的过程可以简要描述如下：

在南侧边跨 A 轴位置的胎架上第 1 榀主桁架启动滑移，在 6 个爬行器的推动下沿着 4 条轨道首次滑移，滑到一段规定的距离停下；第 2 榀主桁架在胎架上拼装完毕，与第一榀之间安装联系桁架，使两榀连为一体，一切准备就绪，滑移又启动，此时两榀一起被推向前。然后第 3 榀、第 4 榀、第 5 榀，直至第 10 榀。最终，最壮观又令人惊叹的场面出现了：由无数根钢铁管件组成的、平面足足有 2 万平方米的巨大结

构体被 6 个橙色的液压爬行器轰隆隆地推着往前移，现场场景无比壮观。当最前端的第一榀到达目的地 W 轴位置时，其他各榀也各就各位了。而第 11 榀则基本在原地拼装，在 A 轴位置就位，没有参加大滑移。

2.2.3 滑移的两个重要特点

以上仅是滑移的简要描述，实际过程中还遇到许多矛盾，其中有两个是最主要的，解决这两个矛盾，也成了这次滑移技术成功应用的重要特点。

第一个特点是带北悬挑桁架滑移。

东区屋盖主桁架一共 9 榀，另外还有两榀带挑檐的桁架位于南面的 A 轴和北面的 W 轴。落在 W 轴位置的是实际滑移运行中首当其冲的第 1 榀，而最后落在 A 轴上的是第 11 榀。它们的形状与其他桁架有所不同，多了伸出距离达 18.9 m 的挑檐结构，陡然增加了结构稳定性的风险。南边 A 轴的悬挑桁架因基本在原地安置，不用滑移，风险小些，而北悬挑桁架则是从 A 轴跑到 W 轴，是滑移距离最远的一榀。

原本如同南挑檐桁架一样，在原地，即W轴位置安装，风险控制就容易些了，但是由于东展厅北侧为下沉式广场，地下室在此处无顶板，汽车吊无法在此处进行吊装，只能也采取滑移方法。由此创造了带大悬挑结构远距离滑移的经验。现场对悬挑桁架采取临时加固措施，采用材质 Q235B 钢管，以 D180×8 斜杠形式作加固，同时滑移轨道从 W 轴向北延伸 14 m。

带着硕大挑檐结构的第 1 榀桁架在大屋盖前面领头，更增加此番累积滑移的壮观。北悬挑桁架加固节点见图 2-13。

第二个特点是带着 20 轴位置钢柱的柱顶滑移，这也是一道奇观。

图2-13 北悬挑桁架加固节点

20 轴位置的钢柱是东展厅屋盖的支撑柱，在设计中，这里一列钢结构柱子与其他 10 轴、15 轴、25 轴位置的情况不同，这里的钢柱之间未设支撑，不是一个框架，而有 6 根支撑屋盖的构件交汇在这里的柱顶部位，使得柱顶构造显得很不单纯。为简化滑移节点，并保证 20 轴位置滑移受力稳定，施工方案考虑再三，大胆决定采用带柱顶滑移的方法。所谓带柱顶滑移，就是将 20 轴位置的柱子头部削掉，下柱头刨得与轨道上表面一样高（图 2-14）。而削掉的柱头及 6 根支撑则与桁架连接，并一起带着滑移。20 轴带柱头滑移节点图见图 2-15。只看见一个个伸出支杆的柱头被接入"滑移大军"，跟着往前行，最后又一个个落在原本的柱身上方，待屋盖整体滑移结束后，柱头再与下面的柱体焊接在一起。

屋盖滑移到位后，11 榀桁架形成整体，所有屋面檩条高强度螺栓施工、焊接完毕后，要进行卸载了，也就是要将屋盖结构从轨道上真正落到承接它的建筑结构上。这么大的钢结构体要先抬起，拆去轨道，然后再放下，能担当此重任的只有液压千斤顶。卸载采用由南北往中间、逐榀桁架卸载的方案，每榀桁架 4 个卸载点，每个卸载点利用 2 台液压千斤顶、也就是共 8 台同步进行卸载。卸载不能一步到位落下，而是分次逐步下降。每榀桁架每次卸载量为 5mm，分 4 次卸载

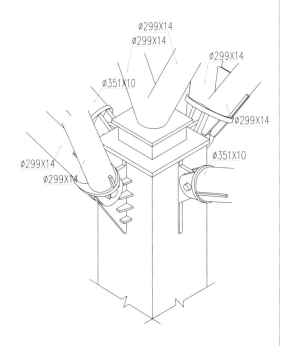

图2-14 20轴柱顶轴测图

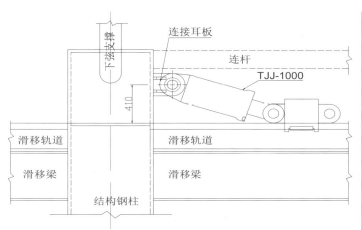

图2-15 20轴带柱头滑移节点图

连接耳板

下弦支撑

连杆

TJJ-1000

410

滑移轨道

滑移轨道

滑移梁

滑移梁

结构钢柱

图2-16 第1次滑移到位

图2-17 第5次滑移到位

图2-18 第10次滑移到位

（20轴为3次），确保每次卸载后，相邻两榀主桁架之间的标高差值为5mm，实现整体同步分级卸载。10轴、15轴、20轴、25轴4条滑移轨道最终的卸载量分别为20mm、20mm、20mm、15mm、20mm，其中20轴留出5mm作为柱头焊接间隙。

随着施工人员的操作熟练度逐渐提高，一次滑移到位的时间由最初的10天提前到2.5天。从2008年11月16日北侧悬挑桁架开始滑移，至12月16日最后一次滑移到位，总共10次滑移仅用了30天时间即完成了东区屋盖安装，图2-16—图2-18分别为第1次，5次和10次滑移到位的场景。保证了2008年底主题馆钢结构封顶的重要节点目标，也为地下室的结构、机电安装施工创造了不受干扰的空间，对工程整体进度起到较大保障作用。

2.3 西区126 m跨张弦桁架拉索施工

主题馆西区屋顶从外面看，与东区连为一片，分不出彼此，走进室内，两者不同的屋盖结构一目了然。东区有多跨，跨度相对小些，所以采用普通的钢桁架结构梁就解决了对屋盖的承重问题。西区是建造时的天下第一跨，从东到西一跨就是126 m。这一大跨没有垮，创了纪录，靠的就是采用了创新型的屋盖结构，即双索加V形支撑张弦桁架结构系统。西区的屋盖结构表面看，每榀也是相似的钢桁架，只不过桁架下比东区的多了两根悬索和悬索上的两对V形支撑件，而正是这两样多出来的物件，让西展厅实现了惊人的一跨。

在人类的建造"跨越"史上，无时无刻不在与"力"打交道，"力"是一种看不见，摸不着，却能感受到并计量出的东西。掌握"力"的脾性，并化解有害于建筑的"力"达到几种力的平衡，则是人类可以在建筑上"跨越"越来越大的前提。主题馆西展厅就是明证。

工程结构构件在承受外荷载之前，预先被给予一个可以与所受外力制衡的反作用力，使构件本身的使用性能得以大大改善，这种力称为"预应力"。在张弦桁架结构中，对悬挂在桁架下的索施加预应力，就能使桁架产生反挠度，即减少桁架在荷载作用下的弯曲程度。说得再通俗些就是，预先让桁架承受索的拉应力而产生一定的变形，进而来应对钢结构本身所受到的荷载，包括屋面自身重量的荷载、风荷载、雪荷载、地震荷载作用等。西展厅如此大跨度的桁架梁，要不被屋盖压垮，需要张拉的悬索为其提供预应力，再加上V形撑杆支撑在两者中间往上顶，它们共同搭建了一个受力平衡的西展厅屋盖结构系统。

西展厅屋盖结构施工的重点是双索张拉，而贯穿于整个拉索施工的索力控制是关键，索力控制失误、失效、失衡，后果将是难以想象的。所有的张拉原则、张拉方案、张拉措施都是为索力数值落在科学设计范围之内而制定的。主题馆西展厅拉索施工现场是建设者们与"力"较量的战场。

2.3.1 关键技术、施工难点及相应对策

主题馆西区即西展厅，张弦桁架位置从1/1轴到9轴，跨度为126m，共9榀，间距18m，由上弦管桁架、下弦双拉索和V形撑杆构成（图2-19）。上弦管桁架为边长3m的正三角形（图2-20），下弦拉索采用两根1670级φ5高强钢丝束索。单根索重12t，规格为PES C5 — 409，为镀锌钢丝双护层扭绞型索，外包双层PE。两头张拉，索头采用热铸锚。距离两侧边支座各45m处分别设置V形撑杆，撑杆上端与管桁架下弦铰接，下端与索夹固接，索在索夹中可沿索方向滑动。拉索与三角管桁架连接节点采用铸钢件节点（图2-21）。

西区桁架虽然跨度很大，由于下面没有地下室，可以直接在跨内地面安置设备进行施工操作。安装上弦桁架相对东

区比较简单。现场设置两个临时高空组装胎架，先在地面拼装三段上弦管桁架单元，再用300 t履带吊（cc2000型）将三段构件分别吊装至设计位置，搁置在临时胎架和结构支座上，在高空焊接组装成整体。桁架间的屋面檩条和支撑采用25 t汽车吊在跨间进行吊装。

不过，毕竟是超大跨度的工程，张拉带V形支撑的双悬索又是一个创新设计，也可说是第一次施工尝试，其中也有难点，很多问题都必须考虑周全。

第一，施工策略是选择各榀同步张拉，还是单榀依次张拉？

该工程9榀张弦桁架，每榀有2根拉索，每根拉索都采取两端张拉，每个张拉点张拉时需要1套工装、2台千斤顶和1台油泵。若所有索都同步张拉，即36个张拉点同步张拉，共需要36套工装、72台千斤顶和36台油泵。另外，在悬索张拉完之前，始终要保留张弦桁架下的临时胎架。所以，如果所有索都同步张拉，就需要大量的张拉设备和人力以及临时胎架，这在实际施工中显然是不合理的。

西区拉索施工最终采用单榀张拉的方法，即各榀桁架依次张拉。这样，每次同步张拉时仅4个张拉点，仅需要4套工装、8台千斤顶和4台油泵。且单榀张拉结束后，该榀桁架的临时支撑可及时移除，周转使用。

第二，单榀张弦桁架张拉有何要求？

单榀桁架张拉最要紧的是对称性和同步性。双索的两端共有4个张拉点，若单根索两端张拉不对称，将造成实际工况与设计工况不符，两个"V"字形撑杆会受力不均匀。若两根索张拉不同步，将造成桁架平面外失稳，极有可能造成桁架侧弯甚至倾覆。因此，在施工过程中，必须确保4个张拉点同步对称张拉。

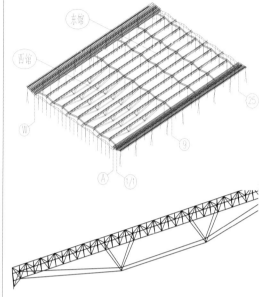

图2-19 主题馆屋面结构示意图

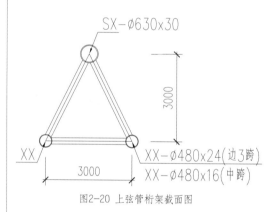

图2-20 上弦管桁架截面图

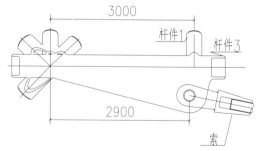

图2-21 拉索与三角管桁架连接节点示意图

第三，何时安装屋面檩条和交叉撑为好，以及相邻张弦桁架的相互影响如何？

桁架上最终是要设置檩条的，但主题馆屋盖的檩条非平面布置，而是一端与桁架的上弦相连，一端与相邻桁架的下弦相连，呈"W"形状布置。檩条通过高强螺栓与张弦桁架相连。

檩条可在张弦桁架张拉前安装，也可待张拉完毕后再安装，两者各有优缺点。

若檩条在张弦桁架张拉前安装，则檩条两端的高强螺栓孔距离没有受到张拉的影响，相对来说檩条易于安装，且张拉时张弦桁架的稳定性更加容易保证，但张拉时相邻张弦桁架间存在相互影响。

若檩条在张弦桁架张拉后安装，相邻张弦桁架间不存在相互影响，但檩条两端高强螺栓孔的距离受张拉的影响，相对来说安装檩条较难。

根据对比分析，为便于安装檩条、交叉撑和保证张弦桁架张拉时的稳定性，最后确定檩条和交叉撑在张拉前先安装，檩条和交叉撑两端的高强螺栓在张拉之后再进行终拧固定。

第四，如何保证索力均匀性？

工程中拉索因V形撑杆成为折线形，分为三个索段，折点处拉索通过索夹与撑杆相连。设计要求，拉索张拉要保证各索段索力均匀。

与一般张弦桁架不同的是，该工程V字形撑杆不能沿桁架方向摆动。拉索张拉时，要保证索体可相对索夹滑动。因此采取索夹盖板在张拉后安装，并在索夹节点增加2mm厚聚四氟乙烯垫板和0.1~0.15mm厚不锈钢片，确保施工张拉过程中，拉索能够滑动，减小索体与索夹之间的摩擦力，从而保证各索段索力均匀。

第五，如何确定施工张拉力和张拉控制原则？

在施工设计图中已明确要求，屋面支撑和檩条安装完成后的拉索预张力为2260kN，但由于现场采用单榀依次张拉，张拉时相邻的张弦桁架存在相互影响，各榀张拉时的荷载和边界约束条件的施工状态与设计状态存在差异，因此，每榀的施工张拉力究竟应该多大，需要进行施工全过程的模拟仿真计算，然后确定。

工程定下的张拉控制原则是：实行双控，即同时控制结构的竖向位移和索力，达到设计要求，并使误差保持在允许范围内。

第六，如何进行索力监测？

对拉索张拉的常规监测包括关键节点位移和索力。通常索力监测采用张拉时所用的千斤顶上的压力表直接测定，因为张拉完成并固定后就无法再测量索力大小了。而主题馆西区的工程不能用这个常规办法，因为它是采用逐榀依次张拉，后张拉的会对相邻已张拉完毕的张弦桁架产生一定的影响，产生多大影响？此时已无法测量了。另外，该工程的拉索因两个V形撑杆而呈折线形，千斤顶的压力表只能反映张拉端处的索力值，中间平直段索力值如何也无法测量。常规方法不行，就寻找另外的方法。

根据工程特点和实际情况，采用了基于EM（磁通量）原理的索力测试方法。该方法原理是在每个测点布置两个线圈，主要线圈通入直流电，次要线圈输出感应电压。由于电磁感应产生的电流强度和电压大小与铁芯材料的磁导率有着直接的关系，而铁芯材料磁导率又与铁芯的应力状态相关，因此通过该电磁感应系统测量得到的输出电压以及拉索的其他的一些材料参数（例如横截面积、温度）等可换算得到磁导率，进而可得到铁芯材料（拉索）的应力状态。

该方法精度可达到95%左右，因为EM线圈可长期留置于拉索中，所以这一方法既可用于施工阶段也可一直用于使用阶段的索力监测。

2.3.2 拉索安装、张拉及索力监测

张弦桁架采用在胎架上总拼后高空原位张拉、一次张拉到位的施工方案。张弦桁架被称为刚柔相济的新型屋盖结构，双索张拉成功，也就成就了主题馆建造者们"天下第一跨"的创造。从外表看，说到"刚"，那钢结构的桁架名副其实；说到"柔"，这长索则让人不敢恭维，驾驭长索很费一番功夫。

图2-22 张弦梁桁架预应力挂索

1. 放索

索长有100多米，索重约达12t，采用转盘放索，并设计加工了专门的支架。索盘置于张弦桁架的一端，圆轴穿过索盘轴孔，在徐徐转动中，索由一端牵引向另一端。在放索过程中，因索盘自身的弹性和牵引产生的偏心力，索盘转动会产生加速，导致散盘，易危及工人安全，因此对转盘设置刹车装置。

2. 挂索

126 m跨张弦桁架的拉索长而重，上弦桁架的安装方法为在地面拼装分段吊装，胎架上拼接。拉索被牵引到另一端位后，在桁架中间设置若干个吊点，采用手拉葫芦把索往上提升，两端则用汽车吊将拉索吊拉到预定位置，然后将索头与索夹连接住，见图2-22。V形撑杆也与悬索连接上，悬索由弧形变为折线形。

3. 预应力张拉

首先，张拉工装和设备全部到位，包括千斤顶、张拉拉杆、反力架、油泵、油压表、油管等。张拉时，工装和设备组装见图2-23。

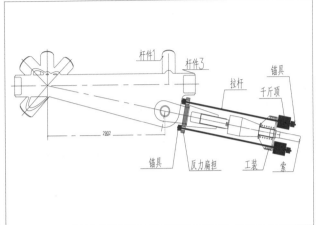

C轴张弦梁桁架预应力张拉

图2-23　张拉工装和设备组装示意图和现场实景

　　其次，以单根拉索的理论张拉力为基础，加上考虑到施工过程中会损失一定的预应力，先超张拉至110%，停留10分钟后，再回松至105%后锚固（表2-2）。这样也保证了折线索索力的均匀性。

　　再次，具体操作按以下张拉原则和程序：

　　（1）各榀张弦桁架由南向北（C轴至U轴）依次张拉。

　　（2）单榀张弦桁架下部的两根拉索的两端同步张拉（共4个张拉点），且一次张拉到位。

表2-2　　　　　　　　　　　　　　　　屋盖张弦桁架拉索理论施工张　　　　　　　　　　　　　　单位: kN

预应力张拉	C轴	E轴	G轴	J轴	L轴	N轴	Q轴	S轴	U轴
理论张拉力	2028	2251	2334	2199	2345	2207	2333	2186	1922
超张拉至110%	2231	2476	2567	2419	2580	2428	2566	2405	2114
回松至105%	2129	2363	2451	2309	2462	2317	2450	2295	2018

为保证张拉同步, 分 7 级张拉, 分级张拉程序为 0%—25%—50%—75%—90%—100%—110%—105%。为了保证单榀桁架下两根拉索张拉同步, 要求张拉时 4 台油泵统一指挥, 严格按照张拉控制原则中 7 级分步张拉, 4 台油泵步伐一致。

(3) 其中 0%~90% 以控制索力为主, 而 90%~105% 则根据结构变形情况对索力进行调整, 以控制变形为主。

(4) 张弦桁架张拉完成后, 拉索的张拉端应保持为可调节的状态, 以便在需要的时候对拉索的拉力进行调整。

最后, 对跨中位移作出控制。因昼夜温差对大跨钢桁架的变形影响显著, 张拉前和张拉后位移测量时间要求要在同一时间段, 位移误差控制在 ±20mm 范围内; 榀与榀位移差控制在 ±20mm 范围内。在全部张拉完成后对 9 榀桁架跨中标高进行测量, 与理论标高相比, 平均上抬 29.3mm, 桁架最小的上抬 20mm, 最大的上抬 39mm, 均符合设计要求 (表 2-3)。

表2-3　　　　　　　　　　　　　　　　全部张拉完成后跨中标高比较　　　　　　　　　　　　　单位: mm

跨中标高	C轴	E轴	G轴	J轴	L轴	N轴	Q轴	S轴	U轴
理论下弦管顶标高	23 690	23 690	23 690	23 690	23 690	23 690	23 690	23 690	23 690
实际下弦管顶标高	23 713	23 710	23 714	23 720	23 715	23 721	23 726	23 729	23 726
实际抬高	23	20	24	30	25	31	36	39	36
平均	29.3 (9榀桁架跨中高差最大19, 相邻榀最大高差6)								

整个施工过程均须对拉索进行索力监测, 每根索的两个张拉端和中点各设置一个监测点, 两根拉索共6 个测点。第一榀 C 轴位置的拉索开始张拉后, 按照张拉分级, 用 EM (磁通量) 索力测试方法进行分阶段测量。每级张拉后测量该级的索力值, 并与张拉千斤顶直接测得的数据进行对比分析 (表 2-4)。

表2-4   第一榀（C轴）张拉阶段索力值

测点1张拉各阶段索力值				测点4张拉各阶段索力值			
张拉阶段	实测值（kN）	理论值（kN）	误差（%）	张拉阶段	实测值（kN）	理论值（kN）	误差（%）
挂索并预紧	615.8	—	—	挂索并预紧	951.3	—	—
桁架脱架	2031.2	2028.0	0.157 542	桁架脱架	2181.2	2028.0	7.023 657
张拉完成	2111.3	2129.0	-0.838 35	张拉完成	2209.6	2129.0	3.647 719
调整完成	2121.2	2129.0	-0.367 72	调整完成	2213.3	2129.0	3.808 792
测点2张拉各阶段索力值				测点5张拉各阶段索力值			
张拉阶段	实测值（kN）	理论值（kN）	误差（%）	张拉阶段	实测值（kN）	理论值（kN）	误差（%）
挂索并预紧	794.0	—	—	挂索并预紧	695.7	—	—
桁架脱架	2174.5	2028.0	6.737 181	桁架脱架	2072.6	2028.0	2.151 887
张拉完成	2193.2	2129.0	2.927 23	张拉完成	2213.5	2129.0	3.817 484
调整完成	2195.1	2129.0	3.011 252	调整完成	2216.7	2129.0	3.956 331
测点3张拉各阶段索力值				测点6张拉各阶段索力值			
张拉阶段	实测值（kN）	理论值（kN）	误差（%）	张拉阶段	实测值（kN）	理论值（kN）	误差（%）
挂索并预紧	807.5	—	—	挂索并预紧	829.6	—	—
桁架脱架	2124.7	2028.0	4.551 231	桁架脱架	2101.7	2028.0	3.506 685
张拉完成	2155.4	2129.0	1.224 831	张拉完成	2231.3	2129.0	4.584 771
调整完成	2153.9	2129.0	1.156 043	调整完成	2233.7	2129.0	4.687 29

张拉第二榀（E轴）后,对第一榀（C轴）张弦桁架索力进行监测,以获得"后张拉"对"前张拉"索力影响的数据（表2-5）。以此类推,将施工中每一榀的索力情况都置于掌控之中。

待屋面板、屋顶太阳能支架和光伏板等全部施工完成后再次进行监测,检查此时的索力与设计间的误差。结果表明:

（1）张拉各个阶段索力测量数值与理论值基本一致,实测值与理论值误差在 1%~7% 之间,张拉控制较为理想,索力值与预期值基本一致,张拉较为成功,可以保证结构在后续施工的安全。

（2）相邻桁架张拉对已张拉完成的索力影响程度并不明显。

表2-5 索力值

测点1各阶段索力值				测点4各阶段索力值			
测量条件	实测值（kN）	张拉完成值（kN）	索力差值（kN）	测量条件	实测值（kN）	张拉完成值（kN）	索力差值（kN）
温度50℃	2104.4	2121.2	-16.8	温度50℃	2152.9	2213.3	-60.4
温度80℃	2107.2	2121.2	-14	温度80℃	2150.6	2213.3	-62.7
温度110℃	2033.6	2121.2	-87.6	温度110℃	2102.0	2213.3	-111.3
前三榀桁架檩条完成	2129.7	2121.2	8.5	前三榀桁架檩条完成	2197.4	2213.3	-15.9

测点2各阶段索力值				测点5各阶段索力值			
测量条件	实测值（kN）	张拉完成值（kN）	索力差值（kN）	测量条件	实测值（kN）	张拉完成值（kN）	索力差值（kN）
温度50℃	2135.0	2195.1	-60.1	温度50℃	2202.9	2216.7	-13.8
温度80℃	2142.8	2195.1	-52.3	温度80℃	2208.5	2216.7	-8.2
温度110℃	2107.1	2195.1	-88	温度110℃	2117.6	2216.7	-99.1
前三榀桁架檩条完成	2187.9	2195.1	-7.2	前三榀桁架檩条完成	2208.5	2216.7	-8.2

测点3各阶段索力值				测点6各阶段索力值			
测量条件	实测值（kN）	张拉完成值（kN）	索力差值（kN）	测量条件	实测值（kN）	张拉完成值（kN）	索力差值（kN）
温度50℃	2119.8	2153.9	-34.1	温度50℃	2163.6	2233.7	-70.1
温度80℃	2131.0	2153.9	-22.9	温度80℃	2178.5	2233.7	-55.2
温度110℃	2060.1	2153.9	-93.8	温度110℃	2137.0	2233.7	-96.7
前三榀桁架檩条完成	2133.4	2153.9	-20.5	前三榀桁架檩条完成	2213.5	2233.7	-20.2

图2-24 张弦桁架张拉完成后的实景图

（3）对索夹的尺寸和构造进行了设计优化，张拉时在索夹处采取了减小摩擦力的有效措施，并采用逐级同步对称张拉的方案，保证了同一榀桁架双索在各索段索力的均匀性。

（4）环境温度的变化对桁架节点位移的影响较大，但对索力的影响并不明显。

图2-24为张弦桁架张拉完成后的实景图。

2.4 太阳能光伏发电系统施工技术

从某种意义说，主题馆是一个展馆，也是一个电站。现代的超大展馆建设固然有它的复杂之处，建设一个目前国内乃至亚洲最大的单体建筑太阳能光伏电站的复杂程度也不在其下。

主题馆太阳能光伏发电系统有 11 392 块标准太阳能多晶硅单玻组件、2184 块异形太阳能多晶硅单玻组件、1230 块太阳能多晶硅双玻组件，光伏组件可谓数量巨大。配合电力传输以及并入市级电力网，配有 79 台光伏阵列防雷汇流箱、10 台直流防雷配电柜、29 台并网逆变器、3 台低压隔离开关柜、1 台低压 0.4kV 进线柜、1 台 2600kVA 0.4kV/10kV 升压变压器、1 台升压变高压开关柜、1 台升压变避雷柜、1 台计量柜、1 台出线并网柜、1 台直流屏柜、1 套监控系统。可谓正规发电站应有的传输并网设备一应俱全。它建成后的技术指标如下：

装机容量：2.82MWp。

系统与电网同步进行，频率 50Hz。

总谐玻畸变率：< 4%。

10kV 侧功率因数：0.9~0.98。

电压波动：±5%。

输出电压不平衡度:允许值 2%,短时< 4%。

孤岛效应脱扣时间：≤ 0.2s。

2.4.1 太阳能光伏发电系统的组成

主题馆太阳能光伏发电系统的重要组成介绍如下。

1. 光伏电池组件

注定只能在露天工作的光伏电池组件具有相当高的品质，能抗风沙、抗冰雹、防潮湿、抗腐蚀，防护等级为 IP65，达到 3 酸试 AR 优质标准。但它仍会遭遇不测，为了避免受到较高正向偏压或由于"热斑效应"发热而损坏，在每一组件两端均并联旁路二极管加以保护。

主题馆屋面有 96 个组件组成的光伏阵列，根据同一光伏阵列分区和同一光伏组件组串的开路电压、短路电流等电性能一致的原则，划分组串，共有 613 个光伏组串（图 2-25）。

2. 光伏阵列防雷汇流箱

光伏阵列防雷汇流箱安装于场馆顶部，共有 79 个汇流箱，主要作用就是对光伏电池阵列的输入进行一级汇流，用于减少光电池阵列接入到逆变器的连线，优化系统结构。汇流箱将光伏组件组串输出的直流电并联。其中 47 个汇流箱为 12 路并联，1 路输出，32 个汇流箱为 6 路并联 1 路输出。技术指标如下：

输入直流电压范围：200~900V。

并联输入路数：6 路、12 路两种。

每路最大电流：10A。

直流输出端配有防雷浪涌保护器、阻塞二极管和空气开关。

每路输入可配电流监测选件。

护防等级：IP65。

3. 直流防雷配电柜

主题馆配有 10 台直流防雷配电柜,安装于地下太阳能发电机房。相应的光伏阵列汇流箱按一定的配置数值向直流防雷配电柜输出直流电,配电柜再分头将直流电送至几个逆变

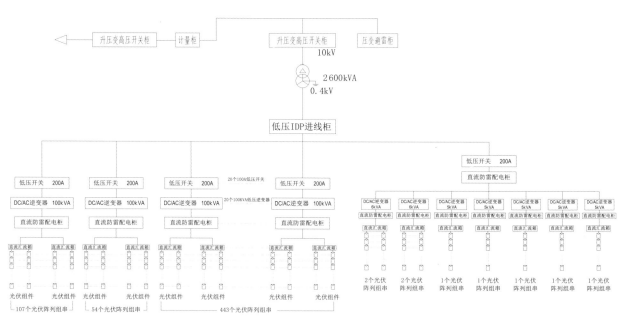

图2-25 主题馆太阳能光伏发电系统方框图

器变为交流电。

直流防雷配电柜按要求：每个直流输入端均配置1个断路器和1对正向二极管；直流输出端配置浪涌保护器；每台直流防雷配电柜配置电流电压表；正向二极管散热器配置温度传感器，当温度大于53℃时打开散热风扇。

4. 逆变器

逆变器是将直流电转化为交流电的必备设备。主题馆光伏发电系统配置了7台单相输出逆变器，其中5台型号为SG5K-B，2台为SG6K-B。

5. 交流防雷配电柜

由于SG5K-B和SG6K-B逆变器均为单相输出，为此，通过交流防雷配电柜将N27、N28、N29三台SG5K-B逆变器的输出经三个断电器并接成A相；将一台N12/SG6K-B和一台N14/SG5K-B逆变器的输出经两个断路器并接成B相；将一台N13/SG6K-B和一台N26/SG5K-B逆变器的输出经

两个断路器并接成C相。就这样，交流防雷配电柜将单相整合成三相输出。

6. 变配电系统

变配电系统将低压电升压，以并入市政电力网。它由低压开关柜、0.4kV/10kV升压变压器、高压开关柜组成。其中低压开关柜有三个隔离开关柜、一个0.4kV并网开关柜；高压开关柜有一个升压变10kV开关柜、一个压变避雷柜、一个计量柜、一个10kV并网开关柜。

变压器采用损耗低、发热少、温升低的非晶合金的2600kVA 10kV升压变频器。

7. 送排风系统

为了直流配电柜、交流配电柜、逆变器、变配电系统内部热量散发，提高系统可

靠性、稳定性，机房配置了送排风系统。

8. 监控系统

监控系统由光伏发电并网监测系统、遥信遥测遥控系统、安防监控系统三部分组成。

光伏发电并网监测系统通过 RS485 接口接收风速风向仪的风速和风向信号；接收日照辐射仪的日照辐射信号和室外温度信号；接收 29 个逆变器的输出功率等参量；接收 79 个直流汇流箱输出电压电流，显示风速、风向、日照度、室外温度、交直电参数、当前总发电功率、总发电量、交流频率、当月累计发电量、总发电功率曲线，记录系统运行参数、故障。

遥测遥信遥控系统进行三方面工作。遥测：升压变 10 kV 侧和 10 kV 出线的三相电压、电流、有功功率、无功功率和逆变器输出功率等参数测量。遥信：监测高低压配电系统设备运行状态、故障信号。遥控：升压变 10 kV 和 380 V 开关合闸和分闸的遥控。

安防监控系统由 7 个摄像机、1 套防盗双鉴探测器和 1 台硬盘录像机组成。其中 3 个球机监视屋面光伏电池组件，2 个云台摄像机监视监控室和逆变器机房，2 个固定摄像机监视机房进出通道，双鉴探测器监测出入口。

9. 防雷接地

整个系统有 14806 块光伏组件和直流汇流箱安装于主题馆屋顶，属于直接雷防护区，太阳能发电机房属于第二防雷保护区 LPZ2。为了保护光伏组件、汇流箱和机房内设备，必须采取防雷保护措施。

防直接雷措施有三条：

第一，光伏组件阵列按区域主干道铺设 $40 \times 4mm^2$ 接地扁钢，光伏组件、汇流箱、桥架用截面积 $6\sim8mm^2$ 导线连至 $40 \times 4mm^2$ 接地扁钢。

第二，$40 \times 4mm^2$ 扁钢均联至安装时预留的 48 个联合接地扁钢上。

第三，机房采用 M 形 $40 \times 4mm^2$ 铜排环通和 $25 \times 3mm^2$ 分接地铜排，用截面积 $50 mm^2$ 导线将 $40 \times 4mm^2$ 铜排接至 6 个预留的联合接地扁钢上。

防感应雷措施：室外直流汇流箱、机房内直流配电箱、逆变器、高低压开关柜、监控系统等设备均采用 1 级、2 级、3 级的电浪涌保护器 SPD。

2.4.2 光伏发电系统屋面施工面临的问题

可以说，每一项工程项目在实施前和实施过程中都会遇到这样那样的问题，而最后终究是要解决的，但主题馆的光伏发电系统工程问题的复杂性似乎有些独特。

主题馆屋面安装高度为 27 m，已属中高层建筑。在高处总体看它，6 万平方米的屋面有 18 个 36 m×72 m 的蓝色大菱形和 12 个面积一半的深蓝色大三角，另外与深蓝色相间排列的是同样面积、低洼下去的菱形"洞口"，这样的屋顶别处从未见过，很是独特。细探究，蓝色菱形和三角形是太阳能光伏发电板组件；而相间排列的"洞口"则是本书前面章节多次提到的象征性里弄"老虎窗"。再细探究，光伏组件是安置在 96 个平面为三角形的钢结构支架上，结构敷设的是 3×4.5 的钢梁，有的两两合一，组成菱形，靠屋边的仍为三角形。当然，太阳能光伏组件不能直接放在钢梁上，梁上又安装了另外的铝合金型材结构，然后太阳能光伏组件再被固定上去。安装时所有光伏组件均向南倾斜 2%，使得深蓝色的大菱形面在太阳光下显得波光粼粼，富有动态的层次感。这样设计安装，为的是日后有利于屋面光伏组件的自清洁。

以上是对屋面的表面探究，不可谓不壮观，然而要深究成就其辉煌表面的过程，施工的艰难一言难尽。人们知道，利用建筑物制作光伏发电系统已有较成熟的技术，但像主题馆把系统做得这样宏大，特别是将光伏组件完全融入建筑形态、成为重要的造型元素、以造就独一无二的第五立面形象，怕是没有的。主题馆的造型，表面四平八稳，貌不惊人，实质多处蕴藏玄机，完成这样的屋面太阳能光伏组件安装，遭遇种种难题在所难免。

整个光伏发电系统施工于 2009 年 4 月 27 日正式开始，9 月 28 日竣工，共计 5 个月，时间相当紧迫。整个施工期恰经历上海黄梅季节和夏季，潮湿、闷热和高温，所有的支架、组件框架、组件安装又都是在屋面上进行的，让施工格外艰苦。

没有装光伏组件之前，主题馆原本的屋顶是折线形，也有称波浪形、W 形，谷底与峰顶相差 3m，已先期铺设的彩钢防水结构层呈起伏状。这层防水结构已完工，是绝对不能被破坏的。但铺设光伏组件的支架又必须穿过这层彩钢层与屋盖结构连接，支架与彩钢结构层交接处的防水问题被提出来了，最后设计制作了一个特殊的垫圈解决了问题。支架的三角形钢梁位于原屋顶之上要焊接，为了保护彩钢防水结构层，也为了防火，现场施工采取了保护措施还时刻警惕着，不断地检查有无疏忽。

太阳能光伏组件价格昂贵，有不少定制的非标准异形产品，大菱形中间是高转化率（超过 14%）和大容量（210WP）的标准电池组件，四边则是特制的异型电池组件，90% 以上是梯形，其余为三角形。中庭顶面是透光材料，为了仰视时的美感，铺设的光伏组件与别处不同，是背面整洁的双玻产品。定制这些特殊产品十分不易，施工中需多加保护，避免损坏。否则不仅造成经济受损，还会影响工期。

在屋面的西半部分是无支撑的大跨度结构，虽然设计时已考虑到光伏组件及其支架、附件，还有吊装设备的重量，赋予屋盖的张弦结构以可以承受重任的"体魄"，但施工过程中的动态载荷和由此产生的侧平衡、位移等仍是不容忽视的问题，被严加控制。

为保证光伏发电系统一次成功，产品都要按高品质标准采购，光伏组件、汇流箱、直流配电柜、逆变器、高低压配电系统等设备都要有 TUV.CE 或 3C 等国家标准要求的强制性认证。

施工的质量要求也是高标准，不能因在屋顶难以细看细查而放松要求。标准要求各个组件之间的间距一致，各行各列之间横平竖直，确保安装后整体美观平整、间隙均匀、散水良好；要求对组件色差进行控制，以确保单个菱形内组件的颜色保持基本一致；还要求组件与支架之间的连接牢固可靠，组件方阵及支架能抵抗台风，并能方便地更换。

光伏发电系统工程正是场馆施工高峰期间，屋面施工涉及钢结构、机电设备安装等多支队伍，进出现场工程队伍多，施工机械也多。现场情况复杂，需要同时施工、交叉作业，为此必须进行上下工序的协调，工种之间工作量界面的协调。工程中要将153t近3万米铝合金型材，289t 14 806块光伏组件和20t的定位夹头、压板、电缆等吊装到27 m高的施工面；要将29台逆变器等设备运至地下太阳能发电机房，吊装工作量相当大。吊装时物资保证和人员安全一点也不能疏忽。

2.4.3 系统施工质量与运行的控制

主题馆工程始终是一场富有参与者建设性建议的大型劳动，太阳能光伏发电系统施工中也有体现。工程中的质量把关是全方位的，措施也十分到位。

1. 钢结构吊装方案的优化

设计者考虑，主题馆西半部分为无支撑大跨度空间，对屋面载荷和工程施工中的动态载荷、侧平衡和位移等要求极其严格，于是专门设计了屋面预制轨道梁，并专门研制了由变频侍服电机控制的屋面行走塔吊，用于吊装施工。

然而，现场施工、监理工程师们却对吊装方案提出优化建议。他们认为，屋面太阳能系统的钢结构吊装时，主题馆屋面彩钢板已基本完成。如屋面上安装一台"轨行式吊车"，存在较多的弊端：第一，非标设备，造价较高；第二，工作面无法全面铺开，劳动力窝工；第三，钢结构受吊装机械影响大；第四，安全风险较大。于是按照他们的建议，采用了的"扒杆"装置吊装（图2-26）。由于扒杆安装简单，可以在多条轴线全面铺开施工，大大加快施工进度；由于设备自重较小，对屋面产生的荷载小，安全风险也较小。简单的"扒杆"最后成了屋顶上吊装的主角。

图2-26 台车塔吊现场照片

2. 光伏发电监测系统的优化

为了自动监测屋面14 806块光伏组件工作情况，现场的监理提出了光伏组件组串电流、电压、功率监测方案，对79个直流汇流箱输出电流、电压、功率进行监测。

这样在监控室就可及时掌握每个直流汇流箱工作情况，提高了系统排故障效率。

3. 铝合金型材和光伏组件安装精度测量

铝合金型材的铺设与固定的施工采用先中间再向两边展开的工序，光伏组件采用统一的定位控制模块安装，用水平仪、经纬仪测量，确保光伏组件安装后间隙均匀、美观平整，并确保 2% 的散水坡度。

4. 设备和材料质量控制

工程中光伏组件有 14 806 块光伏件，要求保证同类型光伏组件开路电压、短路电流等参数一致性，保证每个光伏组件组串工作电流一致，并接组串的工作电压一致。为保证产品质量，工程委托第三方随机抽样检测，结果全部合格。

工程要求直流汇流箱、直流配电柜、逆变器等重要设备提供检验报告等资料。业主和监理人员专程到制造厂家考察质量管理系统和生产过程，并检查相应产品的性能。

光伏组件很精贵，为了避免吊装时被拉索损伤，先用泡沫材料隔离，再装入木板箱或纸箱整体吊装。光伏组件堆放在指定的专门区域，并设有专人管理。

采购的光伏组件连接缆线满足特殊要求，采用全天候低烟无卤抗辐照交联型专用电缆，具有耐高温、抗臭氧、抗紫外线、耐水蒸气、高绝缘、寿命长等特点。

5. 仪器测试

对光伏组件组串的测试采用德国 PVPM1000C40 光伏模块测试仪，该仪器可以测量单晶和多晶光伏组件的多种性能参数。

测试数据表明，613 个光伏组件方阵组串和 79 个光伏方阵汇流箱的回推 STC 峰值功率与标称峰值功率之比为96%~100%，达到了设计要求。

29 台逆变器分别利用 380V 50HZ 临时交流电并网调试，检测每个逆变器的最大功率点跟踪功能、功率因数、最大效率、电流谐波总畸变率、弧岛效应、恢复并网保护、电压不平衡度等功能。

测试结果表明：逆变器总电流波形畸变率小于 4%，功率因数大于 0.98，逆变器效率大于 96%，弧岛效应脱扣时间小于 0.2s，逆变器性能均达到出厂指标要求。

光伏发电并网系统装入了合肥阳光公司监控软件，通过显示器显示风速、风向、日照度、室外温度、当前发电总功率、总发电量、当月发电量、总发电功率曲线、79 个汇流箱电量，表明系统达到设计要求。

电视监控系统调试到位，所有摄像机图像清晰，无干扰，通过操作可清晰监视屋面光伏组件的情况。

遥信、遥测、遥控系统测试装入聚龙公司系统软件，动态显示了遥信、遥测、遥控高低压配电系统、逆变系统等参数。

10kV 并网试验是光伏组合阵列、汇流箱、直流配电系统、逆变器、高低压配电系统、监控系统等设备的全面整合试验，主题馆光伏发电通过一回 10 kV 线路接入永久 10 kV 开关站。

主题馆光伏发电系统由上海电力设计院和上海同济建筑设计院精心设计，上海申能新能源公司和上海建浩工程顾问有限公司给予强有力质量管理，所有施工单位大力协作。2010 年 1 月 10 日 10kV 并网发电，系统一次成功。经过 "168" 稳定性运行试验，表明系统稳定可靠工作，无故障。

2.5 西展厅管沟地坪施工

城市的快速发展使得人们对水、电、电信等需求日益增加，城市管线不断新增扩容，修筑与连接用户频率增加，造成道路不断重复开挖修补。为了改变这种局面，20世纪90年代一种新的地下构筑物——地下管线共同沟，开始出现在上海的市政建设中。共同沟也称地下综合管廊。它将设置在地面、地下或架空的市政、电力、通讯、燃气、给排水等公用类管线集中容纳于一体，并留有供检修人员行走的通道，设有专门的检修口、吊装口和监测系统，实施统一规划、设计、建设和管理，彻底改变以往各个管道各自建设、各自管理的零乱局面。

在发达国家，共同沟已经存在了一个多世纪，在系统日趋完善的同时，其规模也有越来越大的趋势。目前，中国北京、上海、深圳、苏州等几个城市建有"共同沟"。

从需要引入众多市政管线来说，大型现代建筑物就是一个微缩的城市，如今共同沟的先进理念被引入了主题馆西展厅，它两万多平方米的地面采用的是管沟地坪，也就是通信、电力、热力、消防、给水等线路统一规划安置在地坪下的管沟构筑物里。由于这里的管沟地坪是一个一流展馆的组成部分，除了在功能方面要达到较高的使用标准，在视觉外观上也一定要到达高标准，因此，整个工程不仅仅是地下管沟工程，也是室内地坪工程。

2.5.1 高精度的管沟施工

西展厅管沟地坪底板东西宽126m、南北长180m，底板厚250mm，内配 Φ12@150 双向双层钢筋。西展厅中间没有柱子，没有地方可以隐藏管线，因此设计的管沟还真不少。底板范围内的东侧、西侧、南侧各设1条2.5m宽、2.7m深通长主管沟，R轴位置设1.8m宽、2.7m深的通长主管沟1条；在南北方向的3~4轴、6~7轴设沟宽0.6m、沟深0.9m的通长次管沟2条；东西方向每隔9m设置沟宽0.6m、沟深0.9m的通长次管沟1条，共计16条。

管沟内统一布设各类管线，用钢盖板覆盖，上与混凝土结构底板连为一片，下与1~1/1轴设备房及东展厅贯通。考虑整个展厅面积巨大，东西及南北向每隔18m左右设一条3cm分仓缝，结构在分仓缝侧断开。

管沟施工对现场人员来说并不陌生，以往在厂区、仓库建设中都涉及过，然而，这次工程对管沟结构的稳定和外部的美观都有相当高的要求，要到达这些要求的手段是控制管沟上边口的尺寸精度，精度控制在毫米级。如此高的要求是否有些过分，又是否能达得到呢？

主题馆的建设标准是世界一流场馆，应在各方面都有所体现，管沟地坪也不能例外。在展会期间及前后，展厅有大量的设施，大量的人流，并有重车行驶，管沟地坪的稳定性问题和噪音在厂区和仓库可能不算什么，但在主题馆，则绝对是失分的表现。因此，高精度要求贯穿于整个管沟地坪施工。

首先，在前期测量放轴线、定标高就不能马虎，要精准。因为整个展厅被主次管沟分割为多个矩形分区，施工时采用分块作业（图2-27）。为了避免作业一块，侧放一次轴线和标高，多次测放轴线和标高产生积累误差，现场采用一次测放原则，即一开始就用精密水准仪和全站仪将整个控制网一次布置到位，形成闭合的整体，控制轴及标高控制点则选择设置在展厅四周稳定的钢柱上。

接下来的管沟施工主要流程如下：根据轴网定位→垫层施工→精确定位→钢筋、模板安装→混凝土浇筑→校正→养护。图2-28为管沟示意图。

现场除了常规施工，还采取了多项措施，来提高施工的质量。

如垫层施工时，每2m就布置竹片控制标高，确保管沟底板的厚度和钢筋保护层厚度；又如钢筋安装时，将控制网细化到局部，特别是抗震段，根据箍筋间距每150mm就设置一条控制线，使钢筋安装更为准确，更好地满足设计对于强度和抗震的要求；再如混凝土浇筑初凝前，用经纬仪再次复核模板轴线，进行调整。

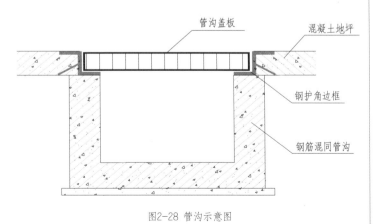

图2-28 管沟示意图

管沟盖板　　　混凝土地坪

钢护角边框

钢筋混同管沟

图2-27 管沟将地坪分成几个分块

只有在前期进入施工就把管沟尺寸精度标准调高，才能减少之后几道工序控制精度的难度。

这项工程实现精度控制的重点在于管沟的钢边框安装的定位与变形位移控制。也可以这样来理解：工程完成后，管沟上要覆盖钢板，为了使管沟的上边口"挺括"起来，便于覆盖钢板，工艺上在管沟两侧设置了Z形钢护角边框，钢边框既作为与管沟相接地坪的侧模，又作为盖板安装的定位限制。因为钢盖板是厂家生产的标准件，有固定精确尺寸，因此，管沟不能有过大的误差，否则，或盖板盖不上，或盖板歪斜不平整，不能达到美观、稳固的要求。所以，边框安装精确了，盖板安装也不会有大问题了。设计对管沟两侧尺寸的整体精度要求是保持在2mm以内。

为了到达精度控制目标，施工人员根据管沟的不同规格，设计加工了专用标准钢套模（图2-29）、角钢支撑、限位支架、限位器等，标准钢套模和之后所用的盖板均固定在钢边框上的定位销上。施工时根据控制线和标高先固定限位支架或限位器，限位支架可同时控制钢边框的水平和竖向位置，限位器可控制标高。次管沟将限位支架固定在管沟底板上，主管沟的跨度及深度接近3m，所以将限位器固定在管沟顶，轴向用定型钢梁及标准钢套模控制。限位装置微调到位，再安装Z形钢护角边框，边框有三个不在同一直线上的焊点，形成稳固的三角型。边框焊接固定后，下部用木方及角钢支撑限制下沉，水平向用钢套模、角钢支撑、木方限制变形。为了检验以上措施的实际效果，每一个分块施工前后都进行了检测。

图2-29 标准钢套模

2.5.2 高精度的地坪施工

西展厅的地坪实质上是由两部分组成，也可说由两种材质、两种结构组成。一部分是钢筋混凝土浇筑的实板地坪，一部分是盖着钢板的管沟地坪。整个地坪的承载力、平整度和美观性对西展厅来说也是非常重要的，在重点控制的范畴。

钢筋混凝土地坪的控制标准是在浇筑完成后光洁平整不起尘，可承受重压及冲击，满足展厅的承载要求。为此，现场人员从选材到施工采取了一系列措施。

选材方面，地坪混凝土标号采用C30，高于普通地坪的用材；坍落度控制在10~13cm；骨料粒径控制在15~25cm，含泥量低于1%。

因西展厅面积较大，东西及南北向每隔18m左右设一条3cm的分仓缝，结构在分仓缝侧断开，以消除混凝土收缩造成的影响。混凝土浇捣按分仓缝的分割一块块进行，除了做到常规的浇捣要求，还特别加强了标高控制和混凝土表面平整度控制。地坪与管沟交接处所采用的Z形钢制护角边框除了用以代替模板外，这时正好用作碾压滚筒的轨道。混凝土振捣后，施工人员用一段空心钢管作滚筒，滚筒长度为一幅地坪宽，有一定自重，沿着两侧轨道推动，混凝土表面被滚压平整，然后用麻袋覆盖，浇水养护（图2-30）。

图2-30 管沟内管线布置

管沟地坪的控制标准，是管沟排布横平竖直，盖板与地坪处于同一个水平面上，盖板稳固，拆装简单，不会产生震动声响。

不同于普通城市管沟，展厅管沟面层，全部由钢盖板拼装（图2-31），管沟盖板由标准化生产的专业单位提供，长宽精度控制在 −2～0mm。钢盖板两端贴置橡胶条，防震效果良好；盖板下设弹性橡胶条，增强管沟边口的抗疲劳能力。每一块盖板设吊装口，可以单独拆装。

图2-31 管沟盖板

最后混凝土地坪刷上环氧树脂地坪涂料，不仅使地坪洁净光亮，还提高了硬度和柔韧性。图2-32为完成后的地坪效果。

图2-32 完成后的效果

2.6 大型垂直绿化墙的施工

仔细琢磨主题馆建筑，可以发现它的表面和已有的许多现代建筑有一个非常不一样的特点，就是五个外立面都是双层的，即具有一定间隙、独立的内外层。从某种意义可以说，里面一层是建筑本身的立面，而外面一层则是"罩衫"，是装饰立面，尽管外层也包含种种节能环保功能，但其所起的装饰作用更引人注目。如屋顶外层的太阳能光伏屋面虽然主要是用作发电的，但设计师刻意让它发挥了特别的装饰作用，既可看做意象的"里弄老虎窗"，又可想象为微风下的涟漪。南北两立面的内层是幕墙玻璃，外层则罩着钢幕墙，上面尺寸和疏密渐变的方孔组成意象的"城市窗口"，装饰效果极强；东西两立面内层是实体墙，外层则是钢网格和植物组成的垂直绿化墙，是一片意象的"城市绿篱"，也是扮靓主题馆的聚焦点。

在经济条件允许的情况下，建筑个性化的外观成为人们很大的追求，然而，设计师的得意之作却是对结构工程师和施工建设者极大的挑战。

在主题馆建设的许多分项目中，垂直绿化墙施工是又一项独特的工程。当设计师提出在东西两面墙体上构筑"城市绿篱"的构想，并将用绿色植物组成的象征"节日焰火"的图稿展示时，得到普遍认可和赞誉。最终，这一将绿色生命与建筑结构融为一体的构想，成为有结构安装工人、园林工程师和植物学专家共同参与的创造性劳动，坚硬的钢铁建筑集中了众多智慧，终于显现出一片令人惊艳的柔美。

2.6.1 菱形网格架安装的优化施工

主题馆垂直绿化的依托是一大片菱形网格钢架，貌似篱笆，这 $5000\,m^2$ 的面积上，每个菱形格的短轴也有 $1\,m$ 长。在原设计中，整个钢架在现场焊接组装，整根的钢料运到后，进行配切、吊装、焊接。

施工队伍都知道，凡是主题馆的任务没有不是"硬仗"的，普遍具有三个不容打折扣的硬特点：一是工期极其紧迫，提高功效抢时间最重要；二是钢结构焊接多，防火警钟须得时时敲；三是工程质量标准很高，一点也不能马虎。钢架现场焊接组装无疑增加了许多风险，如现场焊接量太大，引发安全隐患的几率增加；如此庞大的钢结构工程，现场交叉作业多，整体质量控制难度加大；施工进度也难以保证。

承担钢框架施工的沈阳远大铝业公司经过认真研究，对施工方式进行了优化，即采取分割法施工。所谓分割法施工就是将一处处大的钢架分格分解为若干个小的钢架单元，小单元由场外的加工厂事先焊接组装，并进行细致的校正、打磨、喷砂、常温氟碳喷涂等工序，然后再送到现场吊装到位，相互接缝拼装整齐，完成安装。

建议获得批准，实施后效果显著，体现在三个方面。

（1）工期方面：东西两面菱形网格钢架的安装仅用了20天就完成了，比常规采用焊接所用工期至少提前了1个月。

（2）安全方面：由于现场焊接大大减少，施工安全的风险必定大大降低。

（3）效率方面：因为将钢架单元交由工厂加工，显著提高了加工精度；现场工作面简化，减少交叉作业，已加工好的钢架单元拼装速度快，同时还减少了现场安装脚手架，整个施工效率大大提高。

2.6.2 构建绿墙大系统

垂直绿化墙工程从 2009 年 5 月 6 日开工到 2009 年 9 月 30 日竣工，施工工期只有 147 天，而要做的事情有苗木采购、选苗定点养护、植物模块研制、植物材料选择、植物介质配置、花架安装、绿化养护。最后安装完成的主题馆垂直绿化墙是一个大系统，这个系统既包括钢架安装，也包括植物、栽培介质、模块系统和浇灌系统。

要建成这两面绿墙系统，必须在以下五个方面作出努力。

努力之一是必须按期按质完成施工任务，在 3 个月内达到 5000 m² 的垂直绿化覆盖效果，也就是按照设计图案，在规定的菱形网格中都布满盆栽植物。

努力之二是确保所栽植物具有在极端气候中生存的品质，保证栽种的植物在世博会举办期间的梅雨季节不会烂根；曾测得夏季西墙钢结构局部温度达到 50℃，植物在夏季高温下要做到不枯萎。因为世博期间，人流如潮，是难以随时大面积更换植物的。另外，植物还要顶得住冬季寒冷的考验，因为绿墙按计划完工后，要第 2 年 5 月才开世博会，高空中的盆栽植物要整整过一个寒冬，特别是西面的植物，要和西北风抗衡。

努力之三是使栽种植物的结构物与钢架的连接既要牢固可靠，又要拆卸方便。具体要求是，钢架和植物栽培结构物要能抵御 11 级台风，保证植物和栽培介质不脱落。世博会期间上海会有台风，众多游人在下，一旦有脱落，后果严重，影响恶劣。但是，栽培植物的结构物安装和拆卸又要方便，遇到需要更换植物，能立即更换。

努力之四是使植物的供水和供养达到稳定均一，不能出现"厚此薄彼"的现象。栽种植物的结构物要能保水保肥，水肥浇灌要杜绝渗漏、滴水，决不能影响到参观的人群。

努力之五是使钢框架的荷载限制在结构承载允许的范围内。也就是，植物连同栽种结构物以及浇灌系统加起来的重量有限制，不能超重。

2.6.3 选做绿墙的植物

植物是绿墙系统中的主角，菱形网格钢架搭好，便是选择植物的时候了。照理说，城市里用盆栽植物搭花墙、绿墙不少见，节庆里更是出现许多盆栽植物搭建的象征喜庆的立体造型，植物选择不应该有难处。然而，常见的花墙、绿墙和立体造型用的盆栽植物都是草本植物，都是临时应景造景，至多维持两三个月的时间。主题馆绿墙的植物可是要打持久战的，对它们最起码的存活要求是 2 年。这也只有木本植物有这个资格。

物色合适的植物头等重要，除了存活期，植物的选取还有以下标准。

（1）覆盖能力强，根系较浅，侧根发达，以须根系为主，根系与介质结合快而紧密。

（2）观赏效果佳，以观叶为主，叶片厚重而密集，株型低矮整齐，四季景观效果好。

（3）综合抗性强，耐湿热，耐旱，耐强光或耐阴，还能耐寒、抗风、少病虫害。

（4）管理养护简便，生长缓慢且周期长，不用经常修剪，免人工灌溉。

在此等苛刻标准下，专家们也不能轻易定夺，而是通过实验进行筛选。在几十种苗木中，终于有 5 种植物脱颖而出，它们是六道木、金森女贞、红叶石楠、亮绿忍冬、花叶络石。它们不仅符合以上标准，在色彩上也有特色（图 2-33、表 2-6）。

最终，设计师的效果图在施工现场变为实景，巨大篱笆式菱形格钢架上的植物由下往上摆放，植物颜色从深色向浅色渐变，植株布置从浓密向稀疏渐变，一个有着褪晕效果、由厚重向轻盈变化的美丽图画显现出来了（图 2-34）。东西两立面受阳和背阳情况不同，栽种的植物耐阴程度不同，色彩也有所区别。具体表现为：

东立面日照较好，在 6~12 m 垂直高度内，栽种红叶石楠，叶色紫红，植株蓬高 30~35 cm，有紫气东来的寓意；12~17 m 范围栽种亮绿忍冬，叶色草绿，植株蓬高 25~30 cm；17 m 以上选用金叶六道木，叶色黄绿，植株蓬高在 20~25 cm，还选用了花叶络石，叶色紫白，植株蓬高在 20~25 cm。

六道木　　　　　　　　金森女贞　　　　　　　　红叶石楠

亮绿忍冬　　　　　　　　　　　　花叶络石

图2-33 绿墙所用植物品种

表2-6　　　　　　　　　　　　　　　　　　　　　　绿墙所用植物品种及习性

植物品种	科属分类	习　性
六道木	忍冬科六道木属	喜阳，亦耐荫，喜温暖、湿润气候。适宜中性偏酸性肥沃土壤，亦耐干旱、贫瘠
红叶石楠	蔷薇科石楠属	有很强的适应性，耐低温，耐土壤瘠薄，有一定的耐盐碱性和耐干旱能力。性喜强光照，也有很强的耐阴能力
金森女贞	木犀科女贞属	耐热性强，耐寒性强，可耐-9.7℃低温。春、秋、冬三季金叶占主导。只有夏季持续高温时会出现部分叶片转绿的现象。冬季植株下部老叶片有部分转绿现象
花叶络石	夹竹桃科络石属	花叶络石属喜光、强耐荫植物，喜空气湿度较大，排水良好的酸性、中性土壤环境，性强健抗病能力强，生长旺盛，类似于中国本土络石，同时它又具用较强的耐干旱、抗短期洪涝、抗寒能力。其叶色的变化与光照、生长状况相关，艳丽的色彩表现需要有良好的光照条件和旺盛的生长条件
亮绿忍冬	忍冬科、忍冬属	四季常青，叶色亮绿，生长旺盛，萌芽力强，分枝茂密，极耐修剪；耐寒力强，能耐-20℃低温，也耐高温；对光照不敏感，在全光照下生长良好，也能耐阴；对土壤要求不严，在酸性土、中性土及轻盐碱土中均能适应

图2-34 绿墙植物造型

西立面在6~12m垂直高度内，选用亮绿忍冬，叶色深绿，植株蓬高在30~35cm，12~17m范围选用绿叶六道木，叶色草绿，植株蓬高在25~30cm，17m以上选用金叶六道木，叶色黄绿，植株蓬高在20~25cm，另外还选用了花叶络石，叶色紫白，植株蓬高在20~25cm。

2.6.4 模块、介质土及其容器的研制

选拔植物紧锣密鼓、选中后还要试种、养护，观察效果，前后两个月。与此同时，研究安置植物的方法和研制承载的器具也一刻未停地进行着。

这个巨大的菱形网格钢架上摆植物就是与众不同，世博园区的宝钢大舞台立面也有一大块垂直绿化，同样由上海园林公司施工。那里采用的是日本成熟的绿墙栽植盘系统，虽然价格较高，但施工过程简单多了，不用自己再研制什么。不过这套技术系统并不适合主题馆，原因有三：一是它只能栽种小号的草本植物；二是它近似方形的模块难以在菱形钢网架上安装；三是如果真采用，这么大的面积，价格非常昂贵。

经研究，决定采用施工单位的一项专利产品——可回收的专用挂壁绿化模块，用来搁置盆栽植物，并将其加以改造。每个菱形格的背后，在居中位置竖着加设了一根镀锌角铁，角铁上焊了小钩子，装着盆栽植物的模块可以挂接在上面。植物枝叶茂盛了就可以遮住角铁和模块，把菱形网格填满。

绿化模块的形状如无盖的长方盒，为聚丙烯塑料，壁厚3 mm。长480 cm，宽11.8 cm，高13 cm。内分三个小格，每个模块内可放置3盆植物。模块上设计了可以与钢结构挂接的构造，还设计了可以在背后插滴灌系统滴箭的方孔和用于固定分水管的挂钩。图2-35 —图2-37分别为单体模块挂接前试图、后视图以及模块架构连接正面图。

盆栽植物不能用一般的土壤，要研制配方介质土（图2-38）。对该介质土的要求是，在满足植物可以正常生长2年的前提下，具备轻质保水、无异味、不易发生病虫害、不松散、不脱落、能与根系紧密结合成一体的特点。上海园林公司和上海植物园的研究人员拿已经选定的几种植物做试验，对植物的地上生长指标和地下根系指标，以及理论性状进行综合分析，通过实验数据确定了各类植物不同的最佳介质配比。比如，红叶石楠最适宜生长及成型的栽培介质配比为4 cm长的椰丝10%、腐叶土90%；亮绿忍冬最适宜生长及成型的栽培

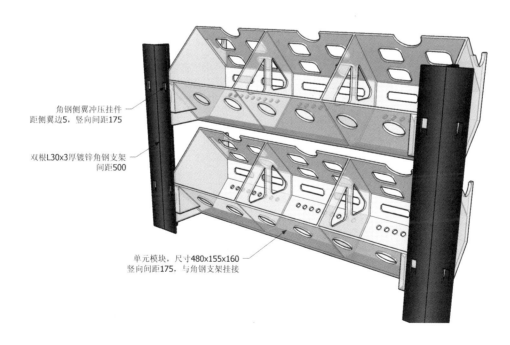

角钢侧翼冲压挂件
距侧翼边5，竖向间距175

双根L30x3厚镀锌角钢支架
间距500

单元模块，尺寸480x155x160
竖向间距175，与角钢支架挂接

图2-35 单体模块挂接前视图

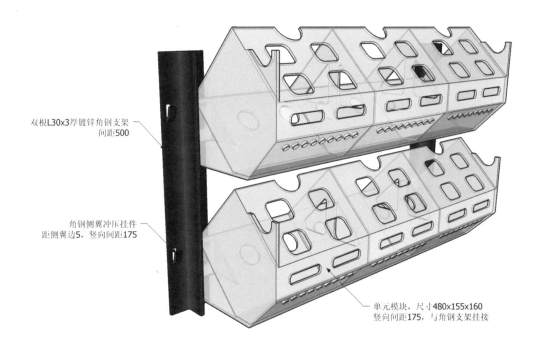

双根L30x3厚镀锌角钢支架
间距500

角钢侧翼冲压挂件
距侧翼边5，竖向间距175

单元模块，尺寸480x155x160
竖向间距175，与角钢支架挂接

图2-36 单体模块挂接后视图

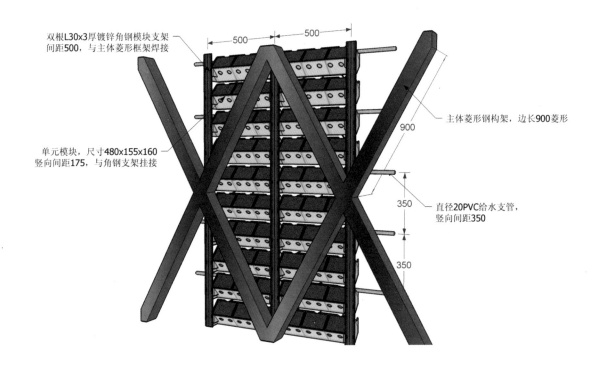

双根L30x3厚镀锌角钢模块支架
间距500，与主体菱形框架焊接

单元模块，尺寸480x155x160
竖向间距175，与角钢支架挂接

500   500

主体菱形钢构架，边长900菱形

900

350

350

直径20PVC给水支管，
竖向间距350

图2-37 模块架构连接正面图

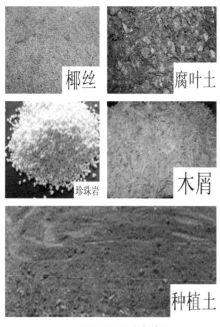

图2-38 配方介质图

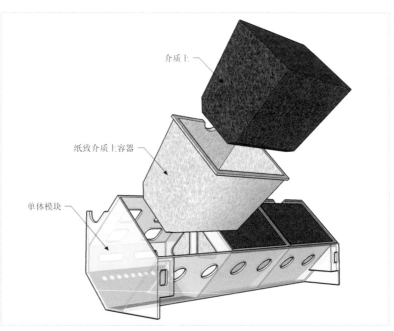

图2-39 一个钟植单位

介质配比为 6 cm 长的椰丝 10%、木屑 10%、腐叶土 64%、园土 16%；金叶六道木最适宜生长及成型的栽培介质配比为 2 cm 长的椰丝 10%、腐叶土 72%、园土 18% 等。

装介质土的盛具是与模块相配的可降解的小纸盒，尺寸正好可以放入模块的小格内。一个模块加 3 个纸质容器，连同介质土和植物，组成了一个种植单元（图 2-39），每个单元不超过 19kg，便于人工安装。

被选定的植物采购来后小纸盒先来担当起苗木的培育"基地"，使得模块生产制作有了较充足的时间。当第一批模块制作出来，马上将已养护过 2 个月的植物连同纸盒，移放到模块中，再送到菱形钢架挂接固定。就这样，用流水接龙的操作工序，大大加快了施工进程。垂直绿化墙所用的模块

图2-40 人工从绿墙后进行施工

图2-41 施工结束时的效果

图2-42 施工两个月后的效果

图2-43 从世博轴看垂直绿化墙面

有5.7万个。图2-40为人工从绿墙后进行施工。图2-41、图2-42为施工后不同时期的效果。图2-43为从世博轴看垂直绿化墙面，图2-44为开馆后的绿墙效果图。

图2-44 开馆后的绿墙效果图

2.6.5 "一无四低"的养护目标

主题馆的绿墙要求植物2年内保持良好的生长状态，在世博会期间不进行大规模更换，年修剪频率不多于3次。这都是希望不要因为频繁地维护绿墙而影响参观活动。

为此，绿墙建设者在事前就对日后减少养护提出了控制的高标准，提出通过前期对植物选择、栽培介质、灌溉系统等方面技术的控制，实现无病虫害、低修剪频率、低施肥次数、低人工操控、低局部更替的"一无四低"的后期养护目标。

"一无四低"不是对植物生长听之任之，而是要让植物一开始就有健康的基础，之后的成长也都能循着设计好的轨道走。"一无四低"说是后期养护，实际必须根据植物生长的规律和特点，主动把不利因素消灭在萌芽出现前，包括在上架前。

上架前的植物要在介质盆里养护2个月，所有植物这时都要进行去除花芽的处理，保证不开花，避免吸引蜜蜂等昆虫，给游客造成可能的危害。介质土也要进行严格消毒，控制病虫害。前期养护要保证植物生长良好、整齐均匀，无杂草、无病斑和虫害、无腐叶烂根；上架时植物的根系、介质与模块结合紧密，保证模块垂直挂上后不会出现介质脱落现象。

上架后，在不同季节和时段，养护的措施也不同。

2009年9月—11月：植物上架后启动自动灌溉系统，并配备湿度感应器，此时的介质中已储备缓释控释肥及其他养分，可满足植物的养分和水分需求。

2009年12月—2010年2月：因气温较低，植物基本处于休眠状态，生长极为缓慢或停止生长，需水量很少，一次浇透后一周甚至半个月都不用进行养护管理。

2010年3月—5月：气温逐步回升，植物开始进入生长期。此时应注意在植物抽梢前控制水分，一般控制在介质含水量不超过45%左右，以控制植物的萌芽生长。同时停止额外供应养分，达到控制其长势的目的。5月世博会开展之前进行一次集中检查，包括局部除草、修剪及部分更替等，使垂直绿化以最佳的姿态迎接世博。

2010年6月：上海梅雨季节来临，此时须控制水分及保持植物通风良好，以控制长势防止叶片腐烂。

2010年7月—8月：上海高温干燥期，植物生长快而旺盛，必要时进行定期的检查，以防止局部植物叶片灼伤或失色。同时增加自动灌溉系统的供水频率，以补充植物叶片的水分蒸发。另外，盛夏也是杂草疯长及病虫害多的季节，应及时清除杂草防止养分流失，同时定期检查及时去除、更换有病虫害的植株，以保证夏季良好的景观效果。

2010年9月后，可根据植物的长势进行适当的养分供给，主要是通过灌溉系统供水时加些液态肥即可。

3 投资控制

自 20 世纪 80 年代中后期以来，中国的工程建设项目管理不断引进国际通用的先进管理理念和管理模式，有了长足的进步,除了原来行政式的指挥部组织模式由项目公司、项目部取代，工程总承包模式也全面采用，由政府主管部门推行的工程监理公司担当起工程项目的施工质量管理监督重任。另外，一些专业的工程项目管理咨询公司和造价咨询公司也——诞生，旨在帮助业主进行投资控制、进度控制、质量控制、合同管理、信息管理等对工程项目成败有重大影响的管理。造价管理，在具体工程中也有称投资监理，即对投资进行控制管理。从事这一行业的是既懂工程，又懂经济，还懂管理的专业人士，在投资巨大、工程宏大而复杂的工程中，业主往往要借助他们进行投资控制管理，提高投资效益,维护甲乙双方的合法权益。造价咨询单位要完成从投资估算、设计概算、施工图预算到承发包合同价确定，再到工程结算和竣工决算等整个计价过程的工作。

主题馆是一座投资额巨大的建筑，根

期则为国内、国际大型展品展览服务，它是一个重大的永久性场馆建设工程。

主题馆项目分公司由原从事会展服务业的上海东浩公司成员组成，他们曾作为业主建设管理过国内最大的汽车博物馆——上海嘉定汽车博物馆，积累了一定的场馆建设管理经验。对于投资额巨大的主题馆建设，项目分公司决定借用"外脑"来实施投资控制管理，上海建科造价咨询有限公司承担了此重任。造价咨询公司做投资监理因为涉及的是建设中各方利益的问题，使得工作人员在工程中往往是一个不讨喜的角色。不过，当他们拿出自己的专业知识和职业素养，以投资效益为目标，与工作对象进行充分沟通后，化解了可能产生的矛盾，在投资决策和投资控制方面给予业主很多帮助。

主题馆宣布建设开始，投资监理工作组也进场了。他们的工作期限从 2007 年 11 月至 2011 年 9 月，前后一共 4 年时间。期间先后完成了总承包施工招标代理工作，专业工程及设备、材料的竞争性谈判工作，全过程造价咨询服务、调整概算编制及评审工作，各专业工程的结算审核工作；配合上海市审计局完成了复审工作及财务决算工作；在主题馆世博后施工的工程基本完成后，又进入结算资料的完善及结算审核。

主题馆工程的投资实施动态的主动控制，使得总投资始终保持在受控状态。项目批准的概算 21.6827 亿元，最后的决算金额 21.2499 亿元，其中包括了二期工程预留金额 1.6506 亿元，实现了投资监理组进场时的预定目标，将主题馆项目的总投资控制在批准的概算内。

投资监理组进场时还承诺工程结算经政府审计，审定金额与投资监理审核金额的误差率控制在 2% 以内，而行业惯例误差率控制是 5%，最后结算的实际误差率竟在 1% 以内，完全兑现了之前的承诺。

据《国际展览公约》，历届世博会主题馆一般由举办国政府出资建设，属于"国家承诺"。然而中国主题馆的投资主体与此不同，它的 21 亿元人民币的总投资全部来自世博集团发行的世博债券和企业自筹资金，没花国家和上海市政府一分钱。2006 年，世博集团在上海证券交易所发行世博债券，首期共人民币 15 亿元，全部用于主题馆建设。主题馆的定位是在短期为世博主题展服务，长在整个主题馆项目实施过程中，引入投资监理还解决了两方面的重大问题：一是完善对工程的投资概算；二是让一切建设费用支出都在有效控制之中。

1. 依靠专家严谨修订投资概算

主题馆项目投资巨大，质量要求国际一流场馆，而工期极其紧迫，只能采取边设计、边施工的办法，建设过程中必然会发生设计变更多、未确定因素多的情况，这给投资控制留下了很多隐患。主题馆无疑是超常规的工程，超常规的工程更需要科学的管理来化解矛盾，消除隐患。

就拿实施造价管理来说，在理论上应从项目决策阶段开始，因为投资决策阶段工程定价具有全局性影响。合理确定造价是评估建设项目、开展后续工作的关键。然而，主题馆的决策时间很急迫，在开工之前，主题馆依照扩初设计已经做出了工程概算，但业主和设计单位就主题馆设计方案的沟通仍在继续，此时纳入概算的项目无疑不全。

主题馆开始施工后，设计上新增了南北立面的不锈钢饰面以及3万平方米的隔墙等项目。上海市建筑要素市场价格从2007年下半年就开始大幅涨价，接着一路上扬直至2008年8月份，钢筋、钢板、钢管、钢绞线等钢材在2008年的6～8月份三个月达到最高峰，而这几个月正是主题馆钢结构制作和地下钢混凝土钢筋采购高峰。除钢材外，劳务价格从2007年市场价32元／工日上涨至80～90元／工日。

主题馆开工前制定的投资概算依据是之前的扩初设计，概算额在人民币18.87亿元，增加项目以及原材料和人工价格大幅上涨使得原先的概算严重不足。投资监理组为此组织有关的各个专业造价工程师，投入了大量的精力，前后编制了三个版式的主题馆初步设计调整概算，专家们对此进行了多次评审，提出意见，工作组则虚心听取意见，进行调整。2010年1月15日，上海市城乡建设和交通委员会科学技术委员会出具了主题馆初步设计调整概算评审报告，认可了重新调整的概算数额21.68亿元。

以上概算评审报告可谓迟到的报告，出来时距离主题馆竣工日期也已经过去了3个多月，这种情况谈论所谓控制投资是否有些虚幻？实际并非如此，在这个非常规的工程中，投资监理工作组一点也没有放松控制，而是将概算调整与主动的动态控制结合在一起进行，他们进场后做好与业主及设计单位、监理单位等参建各方的沟通，精心策划，精细测算，务必使工程在人力、物力、财力方面得到合理的使用，取得最大的投资效益，务必将项目建设成为真正的精品工程。一些科学的管理理论和管理方法在投资监理中得到实际运用，发挥了很大效用。

2. 运用价值工程参与设计方案的优化

在工程界有这样的说法，即项目的设计费支出只占建设工程费用的1%以下，但对工程造价的影响却是75%以上。因此，对设计阶段的造价管理是全过程造价管理的"龙头"。在源头控制造价也是最根本、最重要的控制。

所谓"价值工程"是20世纪40年代末起源于美国的一种旨在优化制造结构、节约制造成本的学问，在制造业有广泛应用，在工程项目管理中更有很大的用武之地，面对工程项目的设计尤其如此。

在实际项目的设计上，常常有这样的情况发生：业主不懂行，盲目要求设计追求高标准；设计没有理解业主要求，设计错了；设计人员经验不够，或设计不精，仅套用现成模式和参数，设计偏于保守，保险系数过大；为了赶工期，设计人员无暇对方案进行深入的优化等。以上任何一种情况出现都会带来工程项目的浪费。在一个庞大而繁杂的工程项目中即使业主聪明，设计队伍水平高超，也不能排除设计有优化的空间，排除有节约成本的空间。现在，国内也有专业人士专门从事价值工程业务，帮助实现优化设计后，从节约的成本中分成，达到与业主双赢的结果。

主题馆项目属于三边工程（边设计、边施工、边修改），工期紧，确实存在没有足够时间进行深化设计、缺乏充分时间进行方案论证与优化的问题，投资监理组一改以往等图纸、编预算、审结算的常规工作程序，主动关注三边工程投资控制的难点、要点，将工作前移至建设项目的前期，参与设计方案的比选，主动运用"价值工程"进行设计方案的选择，不仅赢得了管理控制时间，还取得了丰硕的节约成果。

如参与评审西展厅2.5万平方米的地基加固工程设计方案，优化了原方案。

原设计方案采用φ400×80的PHC管桩，桩长30m，一共2750套，另外还要做400mm厚C30钢筋混凝土满堂基础，费用总共达1900多万元。根据场地实际情况，再结合其他工程实践的成功范例，投资监理

与设计单位一起进行了技术的经济综合分析，决定改用填碎石88cm、加水泥掺量为14%的搅拌桩、再加25cm厚有筋细石混凝土的地坪方案，总费用在1400万元，节约投资500万元。

如投资监理人员参与各阶段的图纸会审，审查到施工图上的浪费现象或材料使用不当的情况。

其一，防火等级设为3小时的场馆隔墙，工程量2万多平方米，原施工图采用100系列轻钢龙骨局部加固，墙面用双面双层防火保全板、双面9.5cm厚石膏板和100厚防火岩棉。在听取了投资监理的建议后，改用砌体墙来替代，不仅同样满足分隔空间的功能与防火等级功能，还降低费用500元/平方米，节约投资达1000多万元。

其二，展厅墙面原施工图装饰饰面全是3mm厚的铝单板，该铝单板既是装饰饰面板，又是风腔区的封闭板，投资监理建议，表面部位的饰面板可仍采用3mm的铝单板，而看不见部位可将面板改用4mm厚的彩钢板与FC水泥板，既满足封闭功能，又降低造价，由此节约投资150万元。

3. 用竞争性谈判控制专业工程发包及设备、材料费用

主题馆项目建设规模大，施工面广，专业工程多，工期紧，出现设计、招标、施工交替进行的情况，而专业工程队伍的选择和设备、材料的采购与工程的进度、质量、造价密切相关，如何选择专业工程队伍和供应商是业主开工前的头等大事。

投资控制小组向业主建议：本工程宜采用竞争性谈判方式。竞争式谈判是不同于一般招投标的另一种选择工程队伍和供应商的模式。它的要义是业主发出邀请函，告知所需内容和要求，然后组织专家占三分之二以上的谈判小组，与受邀前来的单位分别进行谈判。因供求双方能够进行更为灵活的谈判，有利于提高工作效率。竞争式谈判会使供应方根据

求供方需求主动做出更多必要的承诺，对求供方来说，可谓一个有益于转移风险的举措。

主题馆实施竞争式谈判的程序是：发包策划→信息上网→网上报名→资格预审、潜在单位考察→确定邀请竞投名单→发放竞谈文件→召开答疑会→递交竞投文件→技术、商务分析→项目经理面试作技术澄清、商务谈判→综合评定下一轮入围名单→决策胜出单位→合同签订，项目经理、项目班子主要人员、回复文件、谈判承诺等均作为合同附件。

由于谈判的原则、质量的标准、工期的要求、计价的范围、结算的方式均由求供方谈判小组的专家定出，目标明确，专业可行，为主题馆建设求得了技术过硬、信誉优良、服务主动、报价合理的一流专业单位，这对整个工程的质量、进度、投资控制无疑增加了成功砝码。通过竞争式谈判的规则，有效防止了恶意竞标以及围标、串标现象的发生，也有效控制了投资总额，竞争式谈判后的报价与原来的预算相比，节约费用 1 亿多元。

4. 用文件与合同加强对工程变更及其费用的控制

工程变更在建设项目中是影响投资控制的重要因素，主题馆的客观因素使它无可避免地成为一个变更多的项目。投资监理不能坐等，等变更发生了再来对既定方案进行事后的审核评估就为时晚了，再提出控制费用可能会影响进度，也可能无济于事。工程建设如同战场，最怕前后方信息阻隔、断裂，贻误进程或战事，造成可以避免的浪费或牺牲。投资监理组针对工程变更建立了文件流转制度，通过文件信息及时掌握施工实施过程中可能的重大设计变更，将情况向业主预先报告，对工程变更所导致的造价增减情况也及时向业主呈报，为业主决策是否实施变更提供了经济依据。投资控制人员也可以通过流转文件的信息，甄别设计变更的合理合法性，为业主做出正确判断提供依据。

工程项目中，合同是契约，是合同双方约定的权利、义务和责任，也是双方都必须遵守的承诺。因此，合同管理是现代工程项目管理的一项重要内容。主题馆项目抓住按合同办事这一招，使项目发生变更的责任和利益问题很容易解决，变更费用也能得到有效控制。主题馆的项目变更来自多方面诉求，有业主提出的，有设计单位提出的，也有施工总承包提出的，有些属正常变更，也有些属非正常变更，投资监理组应不偏不倚，按合同和程序处理好每一项变更。

在工程建设过程中，如果应业主的要求造成工程变更，由承包单位提交相关有效函件及相应报价。投资监理组则依据施工合同中商务条款约定的工程变更确定计价原则，即合同约定的工、料、机消耗量及其单价的确认方法，管理费、利润、税金的取法等，再依据设计、监理、业主书面确认的设计变更单或技术核定单等有效资料，及时出具审核建议上报业主审批。

设计方面提出变更，投资监理作为业主的"钱袋管家"则首先要甄别是否属正常范围。

由于设计方在初步设计时难以考虑或不可预见的原因导致的变更，虽属正常变更，"管家"要告知业主，必须征得业主同意后方可实施。变更后的造价"管家"也依据合同和程序来掌控。

对判定为非正常的变更，"管家"忠实

于业主,在审核中写明因设计失误造成费用增加,及时向业主报告后建议将失误纳入对设计方的考核中。

对承包单位提出变更也是如此,正常变更计价按合同和程序,非正常变更,责任和费用均由承包单位自行承担。

而这一系列变更处理,没有专业知识,没有工程经验,没有为业主负责的精神是难以达到好的效果的。

5. 用严格的结算控制投资费用

主题馆工程于 2009 年 9 月 28 日举行竣工仪式,投资控制的任务进入结算阶段。在现实中,施工单位上报的结算费用往往会大于其应得的数额,有时还大得很多,造价师的工作就在于将这一数额回归合理,结算时就要做这一工作。投资监理组对施工单位提交的竣工结算资料,进行了严格、合理地审核,着重审核三个方面。

第一,审核结算依据。审核人员十分重视结算依据的真实性,确保采信依据的合法性和有效性。如查看验证竣工图是否符合要求,工程变更单、技术核定单是否有建设单位指令,无指令则判为不合法;有建设单位指令的工程变更单、技术核定单最终是否实施,未实施的则无效。

第二,审核工程量计量。工程量计算是否准确直接影响到工程造价,所以审核工程量是工程结算工作相当重要的内容。准确计算工程量首先要厘清各专业的工作界面和

施工范围,以免发生专业分包所完成的部分工作量重复计算到总包中的情况;仔细核对竣工图与实际施工情况,如果竣工图上有标注而实际未做或少做的,不予计取。

第三,审核单价。主题馆工程大多采用工程量清单计价模式,结算工作人员仔细分析每一结算子目的工作内容与原工程量清单工作内容是否一致,若在实施过程中产生差异,出现增减情况,则根据合同相应条款对该类综合单价进行调整。还要一一审核结算书中材料价格与已确认的价格是否相符,所签材料的品牌、型号、规格、等级、产地与现场实际施工的材料是否一致,如发现以次充好或偷换材料,除了向建设单位汇报,还要提出反索赔方案。

为了推进结算工作,投资监理组织召开了多次结算工作会议。工作人员根据主题馆工程的结算依据、结算原则,结合施工实际情况,既严格又合理公正地审核各专业工程的结算稿,将自己审核的结果与各专业施工单位进行多次核对。完成各专业的结算审核稿后,投资监理将其提供给上海市审计局进行复审。施工单位合计上报金额 152102 万元,投资监理合计审核金额 121736 万元,审计局合计审定金额 120809 万元。

通过主题馆这样投资控制难度大的工程实践,投资监理的造价师得出的体验是:工程造价的有效控制必须集经济、技术、管理于一体。有效的投资控制应加强事前控制,注重招标策划,加强合同管理,减少索赔,规避风险。有效的投资控制必须变被动控制为主动控制,投资监理应积极参与设计选型,提高项目投资效益,正确处理技术先进与经济合理两者之间的对立统一关系,力求在技术先进条件下的经济合理,在经济合理基础上的技术先进,从而优化设计,降低造价,把控制项目投资的观念渗透到各项经济、技术与管理指标之中。

4 安全管理

在社会的生产行业中，建筑施工行业被列入与煤矿行业、非煤矿山行业、危险化学品行业、烟花爆竹行业、民用爆破行业同等的六大高危行业之一。所谓高危行业是指危险系数较其他行业高，事故发生率较高，人员伤亡率较高，财产损失较大，社会负面影响大。

建筑施工行业对人员造成的危险主要有高空坠落、物体或设备砸人、工程坍塌等伤害事故。除此之外，对一个工程来说，安全管理还有防火、防盗、防自然灾害、防工程质量灾害等。因此，在工程项目的现场管理中，安全管理不仅是必需的，而且是必须紧抓不放的。

然而，中国社会在转型中，在城市建设迅猛发展中，建筑施工行业的安全问题变得愈加严峻。分析出现安全事故的缘由，有工程管理专家指出，转型时代大批临时上岗的农民工替代了曾经稳定的、训练有素的专业施工队伍，工程层层分包的架构脱离了曾经较成熟的安全控制程序，这是安全问题层出不穷的主要原因。这虽是一家之言，但多少也反映出了目前建筑行业一些现状。对主题馆这样的重要建筑，尽管招标挑选了专业能力最强的施工队伍、最强的监理队伍，但业主对安全的管理一点都不敢放松。

世博集团一方面制定了工地现场安全责任制，采用层层签订安全生产工作责任书的形式把责任落实到每一层的主要负责人；另一方面要求施工单位对安全实行网格化管理，即将作业面划分为方格，每一格都有专人对安全负责。

主题馆面对的安全问题既有常规性的，也有特殊性的，业主所遇到的安全问题绝非定了制度、立了规矩就能解决的。纵观两年建设时期的主题馆安全管理，可以说是业主的另一个"战场"，项目分公司正副总经理，可以说在安全管理上步步为营，警钟长鸣，对会引发安全事故的行为常抓不懈，并用多种措施将现场人员全都连带绑上"安全生产"这条船，

保了主题馆建设一方平安。细数下来，主题馆建设经历了以下几个重点防控阶段。

4.1 桩基工程施工阶段

2007年11月10日开工典礼，当第一根象征性的工程基础桩被吊车吊起后，桩基工程施工拉开序幕（图4-1），每根桩要从地面往下打30多米。在本书前面章节叙述过，主题馆东面的基坑采用开挖放坡的方式，要去掉10m厚的土层，所以这10m厚土层中留下的不是桩，而是一个个桩洞，洞的直径约500mm，地表层的洞口间距3m、6m、9m不等。2万多平方米的平地上有5000多个张开的洞口，一旦有人失足落入，后果不堪设想。它的危险性在于：

（1）当时遇到2007年底至2008年初的大雪，洞口看不清；

（2）平时有些洞口塌方，边界模糊，不易辨认；

（3）虽然要求所有的洞口都盖上木板，但有些木板遇水腐烂，很不牢固；

（4）桩基工程晚上也施工，视线不清。

因为主题馆特别的深基坑围护方案，带来了别样的安全隐患，这在事先未必料到。而当情况出现了就必须十二分地提高防范警惕性，用牢靠的木板盖住洞口，防止外来人员进入，提醒现场人员注意周围环境。

图4-1 桩基工程施工

4.2 基坑开挖施工阶段

当工程进入开挖阶段，出现了一个完全没有意想到的安全隐患，令业主十分棘手。原来，主题馆所处的位置是搬迁掉的原上钢三厂，基地上留有许多建筑的老基础，当混凝土被打碎后，一根根钢筋暴露出来。因为钢筋可以回收卖钱，成了巨大的诱惑，许多得知此消息的外来务工人员翻墙跑到现场抢挖钢筋，全然不顾挖土机的长臂在头上转来转去。

现场安全管理人员不断地干涉这种行为，不断把挖了洞的墙补上，花了很大力气来制止这种险象环生的哄抢钢筋行为。

4.3 基坑围护施工阶段

主题馆基坑（图4-2）采用开挖放坡围护是一个环境条件允许的省钱、省工时方案，但是，毕竟这种方案一般运用在深度5 m以内的基坑，主题馆的基坑深达10多米，属于深基坑，是否保险？业主聘请上海建工局专家对这个方案进行论证。

方案认证的那天下着大雪，路上很滑，前去参加论证会的业主方副总还摔伤了脚，但会上老院士所给出的论证意见让他事后觉得参加这个会议太值了。

在方案中，主题馆基地的西北部要建地下车库的车道，使得这里的基坑形状呈异形，老院士指出，这里土坡的应力分布和别处不一样，围护中仅用钢板来挡土是不够的，要另外加设斜抛桩来防塌方，不要为了省钱而省去不做。

图4-2 基坑工程施工

现实生活中，人们往往会对还没有发生的危险抱将信将疑的态度，特别是对要花钱增加费用的事情，常有侥幸心理，愿意相信危险不一定会发生。斜抛桩是用来顶住土坡墙挡泥钢板的，最后要拆除，而加设一个斜抛桩的费用就要好几万元，加一排就更厉害了。所以，论证会后，这段基坑围护并没有马上加设斜抛桩，还有人暗地里认为老专家太保守。

业主方的领导虽然没有马上采取加固措施，但了解了这段围护是薄弱环节，对它的安全观察开始特别上心。起先每天去看，看不出什么，一切正常。但是4月雨季来临，接连几天下雨后，险情出现，约100 m² 的土墙发生塌方，此时立即采取措施，加设了斜抛桩，化险为夷。

业主方负责安全生产的责任人对此颇有体会，他说，不能不信任科学，幸好心里装有老院士的建议，特别关注薄弱环节的状况，当问题发生后立即能知道该怎么处置，否则贻误抢救时间，损失就更大了。

4.4 地下工程施工阶段

地下结构工程施工开始，为了浇筑混凝土，现场到处是竖起的木质模板，防火问题成为关注焦点。除此之外，防高空坠落，防人体被碰伤、砸伤等人身安全问题也成为这个阶段安全管理的重点。

然而，现场总是有人将安全警告当耳边风，或不以为然，或贪图方便，盲目自信，不遵守安全规定。现场除了每天有人巡查，查有谁不戴安全帽，查有无随处抽烟。每周四业主由领导挂帅，带领监理、总包、分包的负责人还要专门巡查措施落实情况。按规定，施工现场在10 m 范围内就要求施工单位购置并安放一个灭火器，然而，最初巡查队去检查，发现灭火器竟然不少是空的，最后抽查了 600 多只灭火器，有 10% 是空的，显然又是抱侥幸心理，舍不得投入防火设备。每周一次的安全巡查雷打不动，巡查后马上开会讲评，对不达标的坚决要求整改。

一次集团领导"微服私访"，竟看见某个戴着红袖套的安全员边走边抽烟，这种抽"游烟"在现场是绝对不允许的，何况还是安全员，他被罚了 50 元，所在单位也受到连带责任。

4.5 屋顶工程施工阶段

主题馆的屋顶铺设的是防水保温彩钢板，钢板的中间是保温层，为了防止保温层结露，还垫有一层铝箔纸，这层铝箔纸是可燃的。业主曾在建设上海嘉定汽车博物馆时遇到过烧电焊点燃了铝箔纸的情况，牢牢记取了教训。在主题馆屋顶上进行太阳能支架电焊施工时总经理绷紧了神经，亲自上屋顶督战。在安全隐患控制的措施上是在电焊处放设防火盆，防止熔渣滴落到彩钢屋面，这一措施既为保护彩钢屋面的外表不受损伤，更为防止屋面受热引燃，防止在不知不觉中酿成大祸。采取任何防范措施，总会让人觉得碍手碍脚或束手束脚，

图4-3 屋顶工程施工屋顶施工

干活不痛快。所以安全管理的监督作用格外重要，不能有丝毫放松，就是要监督落实小的不痛快，才能避免大的痛苦出现。

在屋顶施工（图4-3），防止工具、材料坠落也是严加防范的内容之一，从20多米高空哪怕掉下一个螺丝帽，砸了人或物也非同小可。

4.6 室内装修施工阶段

在这个阶段常规的防火、防人或物坠落仍然是常抓不懈的内容，但另一个安全的大问题冒了出来，让管理者头痛不已。也许出现的问题也是其他许多工程的共性，只是没有被披露出来罢了。什么问题呢？——偷盗问题。主题馆的设备多数较贵重，引发了一些人的贪婪之心，神龙见首不见尾的偷盗行为不在个别，偷盗者看中设备里的有色金属，把包括抽水马桶器件在内的值钱东西拆了变卖。管理者只能加强巡逻，防范，再防范。

4.7 奖罚制度

在网格化安全管理中，业主要求分包责任人先要对自己管辖范围内的隐患和安全措施进行自查并整改，告知责任人，如果被业主查到问题，不仅违反规定的人员要被罚款，负责人还要负连带责任。如发现在规定处以外地方抽烟，罚款50元，责任人连带罚款1000~5000元不等，罚款在工程款里扣。

业主的规定有罚款的一面，也有还款的一面。按规定，如果犯规单位到竣工为止没有再犯同类错误，原来的罚款予以退还，否则没收。但是这没收的罚款并非业主吞了，而是用于奖励没有犯规的单位。如此一来，有犯规前科的单位自查勤快起来，努力杜绝重犯现象，希望能够赎回罚款。当然，也有赎不回的，就只能留作奖励基金了。

采取这一做法的根本目的，主要还是为了让安全生产成为每一个现场施工人员的共识和自觉行为，从而减少事故的发生率和发生量。

5 运营

主题馆既是世博场馆，也是永久性场馆，建成后对它的运营有两个不同的阶段和模式，即世博会期间的运营和世博会后的运营。

5.1 世博会期间的运营

主题馆经过688天的艰苦建设，终于按期完成了施工，在2009年9月28日举行竣工仪式，接下来中国主题馆所承托的"主题"演绎使命将通过布展内容来体现。主题馆成为园区内率先建成的场馆，这样就为主题布展提前入场赢得时间。主题馆的布展场面宏大，布展期间就需要同时用到水、电、空调、消防等设施、设备，可以说，6个月的布展搭建期也就是主题馆的试运营期。

早在2008年，为了迎接主题馆的运营，负责建设事项的主题馆项目分公司就开始部分转型，成立了上海东浩会展经营有限公司，介入水、电、气、消防等各专业设备的部分管理，提前掌握设备的维护保养信息，为一年后与世博布展服务工作对接提前做准备。

2009年底，主题馆建设的项目分公司彻底转型，与东浩会展公司合为一体，即从建设"战场"转为服务保障"战场"。东浩会展公司的员工在公司领导的带领下搬入了主题馆地下夹层办公，以便第一时间熟悉场地，第一时间适应各项设备设施，第一时间编制各种工作方案，第一时间掌握各项工作流程。

2010年2月，离上海世博会开幕不到三个月的时间，东浩会展公司又受命成立运营部。明确了世博期间，运营部要担负两大任务，第一大任务是保障主题馆场馆设备设施的安全正常运行，并接洽商业设施的进场；第二大任务是承担主题馆接待任务及为参观者服务。也就是说此时确定了东浩会展公司成为主题馆管理和服务的主角。

5.1.1 保障服务在行动

两年多来，建设者们动了那么多脑筋，花了那么多精力，用了那么多钱建造的场馆，迎来了使用的这一天，其中的先进技术、先进设备能发挥作用、体现出效能来吗？设计和建造还有什么不足之处会在试运营中显示？

试运营前，世博局和世博集团发出指示，要为布展做好水、电、气、消防等各专业的对接保障，尽心配合，努力给予布展工作以最大程度的支持和帮助。

场馆和设备的保障服务责任重大，这里保障服务有两重意思，一重是要能合理、安全地使用场馆及其设施设备，维护好场馆设施，不要因使用开启不当造成损坏；二重是要时刻监察场馆及其设备设施运行中的完好与否的情况，发现故障苗子及时排除修复。归根结底就是要为布展方和用户提供最好的服务，为参观者提供最好的服务。

如此大的一个展示活动在一个新场馆进行，运营保障工作无现成经验可以借鉴，因此，公司从上到下都把试运行期间及其后的世博会期间保障服务当作"一级战备"对待，决不让一丁点故障冒出给运行造成不良影响。从工作任务明确的第一天开始，东浩会展公司将建设期的水、电、消防、空调等专业施工公司以及监理、设计的人员整合在旗下，组成东浩运营物业保障团队，日夜坚守在物业及其设备系统保障第一线，他们的职责范围包括负责空调、弱电、电梯、土建、给排水等方面的保障服务，以及室内外道路、设施、绿化的保洁养护。

在主题馆从事保障服务的团队，本身就犹如一架运行着的大型机器，各个零部件都要安装到位，才能配合运行，保障团队建立了如图 5-1 所示的组织结构。

快速有效地解决可能发生的一切障碍是保障团队的工作目标，他们由此定下六个方面的措施开始行动：

第一，责任落实，实行分级管理。将具体的保障目标按专业分别落实到东浩会展公司与留守专业施工队伍的保障人员身上。

第二，实行每日巡查及例会制度，及时掌握信息。世博会举办了 6 个月，共 184 天，保障团队做到天天巡查，并交流信息，开了 184 次例会，留下 184 份会议纪要，每一份纪要都记录了保障团队的付出。通过一天不漏的信息交流，有效地发现和预防问题，在例会上，责任人都在，很快地就做出了处理的意见和措施，各专业队伍之间相互协调，使得巡检中发现的问题在最短的时间里得到解决，检修效率很高。

第三，实行保障团队成员值班制度。东浩会展公司人员 24 小时不间断值守，其余 300 多人的专业保障团队，确保每天有 70 ～ 80 人在岗。

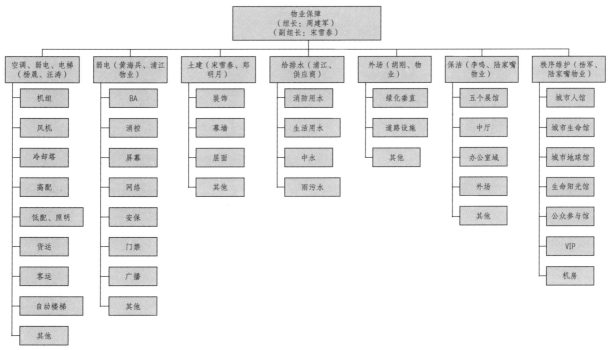

图5-1 物业保障组组织结构图

第四，制定了应对突发事件的应急保障工作流程，建立了应急抢修机制，以快速修缮为主要目标。另外还建立了各个工种的备品备件仓库，为展示工程及临时布展提供及时帮助。

第五，重视防汛防台，落实相关措施。世博会期间要经历台风暴雨季节，规定要定期进行雨水、污水井疏通，定期清理屋面排水沟，将防汛防台的物质准备到位。

第六，对重点区域和重要设备加强管理。制定了消防应急处置程序、空调设备应急处理方案等。

主题馆在开门迎客前，运营保障团队发动多方面人员，编制了一本运营管理手册，对开馆后各就各位履行职责，遵从规则，按程序操作做了详细规定和描述。其中最后一章是物业设备保障，对设备系统的运营管理做了详细的解释和规定，具体的保障工作范围有以下几方面（表5-1）。

表5-1　　　　　　　　　　　　　　　　　具体的保障工作范围

系统名称	管理内容	系统管理职责
强电系统	各种配电箱、开关箱、控制箱等电气箱	确保设备设施正常运行，根据局方要求对展馆末端设备改变相应工作状态
	照明设施	
弱电系统	楼宇自动控制BA系统	确保设备设施正常运行，根据局方要求对展馆末端设备改变相应工作状态并做好相应记录工作
	火灾报警系统	
	安保监视系统	
	背景音乐及紧急广播系统	确保设备设施正常运行，根据局方要求对展馆末端设备改变相应工作状态
	网络信息系统	确保网络通信畅通
暖通系统	中央空调系统	确保设备设施正常运行，根据局方要求对展馆末端设备改变相应工作状态
给排水系统（含万能工）	生活给排水系统	确保设备设施正常运行，根据局方要求对展馆末端设备改变相应工作状态
	消防给水系统	
消防监控	消控中心记录操作	确保设备设施正常运行，根据局方要求对展馆末端设备改变相应工作状态
高压值班	35kV变电站管理	展馆末端设备改变相应工作状态
		确保设备设施正常运行，根据局方要求对展馆末端设备改变相应工作状态
机动班	处理突发事件	处理突发事件，夜间检修设备设施
日常巡视班	巡视各个楼层机房及设备设施	巡视展馆各个楼层机房及末端设备改变相应工作状态并作好相应记录工作

对以上各类设备设施要求按照运行标准，一要做好主要设施设备的开启、关闭操作；二要对各类末端设备作巡视，使末端设备处于临界状态，随时应需要作开启、关闭操作。

工业社会、机电社会是一个精细社会，主题馆如同一个精细的大机器，简单的、细微的失误都会酿成大祸，一些看似低级的错误发生，往往孕育于操作的粗放和掉以轻心。任何设备先进的楼宇，它能带给人们方便、舒适，最终必然要落实在设备管理的一丝不苟上。主题馆运营手册将只需在分秒钟内就可以完成的设备操作分解为必需的步骤，看似繁琐，实为压缩隐患产生的空间，为长久的正常运行带来保障。手册以空调冷水机组操作为例解说了落实管理的具体步骤。

第一步，准备工作。

（1）检查冷水机组的蒸发器进、出水阀是否全部开启；

（2）检查冷水泵、冷却泵出水阀是否全部开启；

（3）检查分水管上的阀，根据楼层的空调需要，决定是否开启或关闭；

（4）检查回水总管两端的阀是否开启；

（5）检查系统里的水压，以在规定范围内为准；

（6）检查加热器，并检查油位是否到液位，电源电压、阀门位置是否正常；

（7）密切注意蒸发器压力和油泵压力。

第二步，机组启动。

（1）观看控制屏，要显示：机组准备启动；

（2）启用冷却塔、冷冻水泵，并要保持进出冷冻机的冷却水的压差，进出冷冻机的冷冻压差；

（3）若是没有问题，按键启动机组（注意电流变化状态），此时控制中心即置机组于运行状态，注意显示器上显示的信息，观看机组是否有故障显示。

第三步，机组运行。

（1）机组运行时，应检查油泵指示灯是否亮着；

（2）检查油泵显示情况；

（3）注意机组运转电流是否正常，风叶是否打开，把风叶开到自动控制档；

（4）做好机组运行记录（每2小时将冷却机组状态记录下来）。

第四步，关机程序。

（1）先停冷冻机组；

（2）再停冷冻水泵，冷却水泵；

（3）切断总电源。

保障团队的巡查都有明确的书面项目，而不是笼统地走马看花，如要做到以下要求：

（1）每日检查市政管网压力，检查智能水箱给水水压是否异常。定期督促水箱清洗，维护变频水泵。

（2）每日检查消防水泵压力，定期进行消防末端测试，检查主泵与稳压泵之间能否自动切换。每月一次检查灭火器内压力、有效期限，消火栓箱内消防设备是否齐全。

（3）每日根据天气温度、人流量大小，选择开启空调的时间和台数，以达到减少能耗的目标。

（4）每日开闭办公区域照明及风机盘管，检查其是否正常运行；巡视东西展厅、中厅及地下车库照明是否正常；巡视各展区的用电情况并配合布展方开闭照明；巡视各轴线上的强电间和电梯机房；并做好维修三联单档案登记。

（5）每日查看报警主机报警数，有异议做现场查看。定期对系统联动控制做测试。

（6）每日查看 BA 系统，对日常已开启的设施设备运行确认，对未开启的设施设备做停止确认。定时观察场馆运行状况，及时调整运行模式。

（7）每日查看管理系统反馈信息，了解设施设备使用频率。依据实际重新制定新的物业管理运行模式和程序。

（8）每日查看系统中各终端运行状况，对各终端接口的牢固进行检查和确认。

（9）每日在指定时间开 / 关背景广播系统，但火灾应急广播系统为 24 小时开启，对系统中各终端设备运行状态做检查。定期对广播系统做联动测试。

（10）每日对系统点位做清洁保养，经常检查点位标识。有新增点或调整点做好更改记录，并留存归档。

（11）每日指定时间开 / 关系统，对局方指定的公共信息进行播放。定期对系统终端设备做检查和维护保养。

（12）每日查看系统图像，依次切换不同画面。定期对系统联动做检测，对系统终端设备做维护保养。

……

184 个"每日"，做着同样的琐碎事情，保障了 184 天的平安运行。

5.1.2 保洁服务在行动

工程竣工、正式使用前，保洁清扫是最重要，也是最急切的工作。保洁工作多为人力工作，清扫建筑垃圾、擦除建筑灰尘是一件非常辛苦又非限时不可的工作，因此清扫保洁也是主题馆保障服务的重要内容。另外，主题馆开馆后的保洁任务也是空前的繁重，不仅工作量空前得大，保洁工作的时间空前得长，保洁的标准也空前得高。

上海陆家嘴物业管理有限公司承接了保洁任务，该公司是质量、环境、职业安全健康"三贯标"的单位。通常所说的"三贯标"就是指企业贯彻 ISO9000 质量管理体系标准、ISO14000 环境管理体系标准和 OHSAS18000 职业健康安全管理体系规范这三个国际标准，建立质量、职业健康安全和环境整合管理体系，并通过权威的评估机构评估认证。该公司派出了 345 名保洁服务员工，其中女工 287 名，占总人数比例 83% 以上。整个保洁工作过程中，从保洁主管到保洁员工，积极响应世博局"争先创优"的号召，踊跃参加巾帼文明岗活动。

虽然一般意义上保洁员的工作没有很多的技术含量，但毕竟是为百年难遇的世博会服务，难度和标准都非同一般，现场的保洁员此时就是打响主题馆保洁战的"战斗员"。要使工作做到位，每个保洁员都应该知道自己的任务、工作目标和需遵守的纪律。于是公司保洁服务部对员工按入司、岗前、岗中不同阶段进行系统培训。

入司培训是让每个来参加主题馆保洁的新员工明白公司的"三贯标"情况,了解进入世博会后,更要时时处处遵照贯标文件执行不走样。

岗前培训则邀请了资深人士,结合放映PPT,对服务理念、仪表仪容、操作规范、精神面貌、经验教训等进行深入浅出的讲解。接下来更通过主管、领班、老员工滚雪球式的带教,使新员工在实践中将听课内容融会贯通。在润物细无声的过程中,员工受到思想教育、素质教育、安全教育,业务水平快速提高。

之后是岗中培训,保洁服务部每周还有集中培训,就是根据现场工作特点,针对已发生的实例,总结经验教训,分析执行劳动纪律、规章制度、岗位要求等方面存在的问题。培训及时解决问题,并发扬员工中的先进思想与先进事迹。

2010年5月1日世博会正式开馆,一些物资白天不能进场,只能放在晚上。主题馆也不例外,直到深夜12点以后还有物品不断进馆,这时,保洁服务部代表世博局负责接水、接物并作数量清点。保洁服务部确保物品接收无差错,工作得到局房管部的认可。

除了大面积的常规清扫保洁工作外,在开馆前和世博会期间还有许多突击性、突发性的清污工作由劳保洁人员完成。如下沉式广场喷水池底面铺设的是凹凸砖,有些地方污水倒灌留下淤泥,表面不平很难清洗,再加上整个池底面积较大,工作量很大。保洁员们蹲在抽干水的池底,用云石铲刀一点点将淤泥铲除干净。

又如,一次地下东展厅门口一个喷淋头被撞坏,"水漫金山"。保洁服务部接到通知,在第一时间内组织人员携带机器、工具到达出事地点,并立即动手处理。员工们有的用机器设备吸水,有的用推水器推水,还有的清扫地面,把地拖干,迅速把地面打扫得干干净净。

保洁员每天工作在主题馆的角角落落,这也使她们无意中成为一些粗心游客财物的保护者。仅在开馆短短的2个月中,保洁服务部员工就拾到金项链1条、手机6部、数码相机3个、拎包3只,以及护照、人民币等各种贵重物品若干,游客及时拿到失而复得的财物,对这些主题馆的保洁员感激不尽。

5.1.3 为参观者服务在行动

世博会运行期间,主题馆共接待2000多万人次的参观者,是世博园区内接待人次最多的场馆。对于东浩会展公司来说,服务于参观者则是一项从零开始的工作,偌大的场馆如何安全有序接待好千万名观众?如何保障一切工作的顺利开展和可持续推进?各项工作可谓千头万绪、繁复错杂。公司领导带领整个团队全心投入，通过合理调整各岗位的人员配置，在短短一个月的时间里组建了一支平均年龄不超过25岁的年轻团队——参观者服务组。他们从人员的招募、培训，到组织架构的搭建，再到运行手册的编写；又从工作制度的建立，到应急预案的编制，一点一滴，一砖一瓦地使工作走上了正轨。

参观者服务组下设四个分组，即贵宾接待分组、商业设施管理分组、公共设施管理分组和志愿者管理分组。四个分组也都是女性占一半以上比例。

贵宾接待分组有20名成员，其中16名为女性。他们在两个月的时间里紧赶慢赶，为预计中空前规模的贵宾接待进行筹划。他们编制了详细的贵宾接待工作文件，确定了接待规格、接待路线、接待流程、礼品发放登记、接待数据统计等，还确定了配合二级平台和安保组应对突发事件的各项工作制度。确保在接待现场做到事前接收，事中对接、陪同踩点，确保做好引导、讲解和对特殊人群的服务，并确保及时在事后做好数据统计和上报工作。

贵宾接待的人次是巨量的，从试运行到开馆后两个多月时间里，接待分组已累计接待上至国家主席、总统，下至各部委、省市级等中外领导，以及世界500强企业高层、社会名流等各界中外贵宾共计1411批次，32219人次，单日接待高峰近100批次，超过3000人次。

商业设施分组有3名成员，其中2名为女性。该分组负责一些单位进场前的物业服务对接、现场运营管理协调、园区对商业设施管理要求的上传下达，人流秩序维护等工作。进驻主题馆的单位包括1家饭店、9家商铺、15家赞助企业接待室、多处活动平台和1个物流中心等。

公共设施管理分组有6名成员，其中5名为女性，成员均为在校研究生或本科生。他们分为两班交替工作，各自带领一

批两周一轮换的志愿者，以每日15小时的工作强度承担起了主题馆内外场所有公共区域的客流疏导、秩序维护、问讯接待、报失指引、休息室管理、投诉建议登记和处理等工作。仅自试运营以来截至6月下旬，该分组累计受理报失13起，接收遗失物60件；受理走失人员9名；处理馆内伤病10起，呼叫救护车送往园区医疗点7次；受理各级各类投诉11起，针对主题馆的投诉处理率100%，针对园区的投诉受理移交率100%。

志愿者管理分组有7名成员，其中5名为女性，他们中有6名本身也是志愿者，在不拿取报酬的情况下，统筹管理着主题馆世博会期间部署着的103个日常岗位、41个高峰支援岗位、68个外省市支援岗位和8个语言类特殊岗位等多种类、多批次志愿者的岗前培训、在岗管理、后勤保障、绩效考核和宣传激励，并在不断提升志愿者的服务意识和服务能力方面积极探索，增强绩效。

运行两个多月后统计,已有 5 轮次（平均两周一轮次）、8 所高校累计 1030 名日常岗位志愿者、2 批次累计 164 名高峰支援岗位志愿者、9 批次累计 612 名外省市支援岗位志愿者,以及 6 批次累计 48 名语言类特殊岗位志愿者在该组成员的管理协调下,在一线为主题馆的日常运营和参观者服务贡献了重要而可贵的力量。

东浩会展公司在整个世博会期间的出色表现,赢得了普遍赞许,公司获得上海市市委颁发的"上海工人先锋号"荣誉称号和上海市总工会颁发的"上海市五一劳动奖状"。

5.2 世博会后的运营

天下没有不散的筵席,2010 年 10 月 31 日上海世博会终于落下帷幕。游客潮退去,主题馆内的大型展示装置一一拆除,超负荷运营的场馆和设备也需要整修了。接下来,进入了后世博时代,主题馆更名为上海世博展览馆,它将从世博场馆向永久性展馆彻底转型（图 5-2）。

5.2.1 主题馆的整修建设

在本书前文介绍过,主题馆不是国家投资建设的场馆,而是由企业投资建设的,这个企业就是上海世博（集团）有限公司（简称世博集团）,它是应世博建设而由上海市政府

图5-2 上海世博会主题馆更名为上海世博展览馆

批准成立的经济实体。世博集团在原上海东浩国际服务贸易（集团）有限公司的基础上，由上海文化广播影视集团、上海东方国际集团、上海世博土控集团等公司共同出资组建而成。主题馆建设资金全部来自世博集团发行的世博债券和企业自筹资金，也就是说，主题馆建成后的产权归世博集团所有，建设期间，集团成立的主题馆项目分公司则全权承担工程项目的管理。主题馆工程竣工后，物业管理权则移交给由项目分公司转型成立的东浩会展经营有限公司（以下简称东浩会展公司）。世博集团完成历史使命后，于2011年8月更名为上海东浩国际服务贸易（集团）有限公司，图5-3为其组织结构图。东浩会展公司是它的独资子公司，主要从事场馆租赁及管理、会议、商务活动、文化娱乐和体育赛事等组织策划，广告设计、制作、代理及发布等相关业务，注册资本贰仟捌佰万元整，目前共有员工53人，其中业务部门员

工32人（包含活动策划部员工）、管理部门员工21人。2010年，东浩会展公司分别接受上海国际汽车城东浩会展中心有限公司、上海博展地下空间经营有限公司的委托，对上海汽车会展中心、民防工程进行经营管理，实行"三馆联动"的经营管理政策。

东浩会展公司接手主题馆后，身份或说职能有三重：第一重是上海世博展览馆的业主代表；第二重是上海世博展览馆物业管理的直接责任和实施单位；第三重是以上海世博展览馆为基地，对外承接会展业务，为展方和展会服务的自主经营企业。世博集团之前的东浩公司也经营会展业务，但是没有

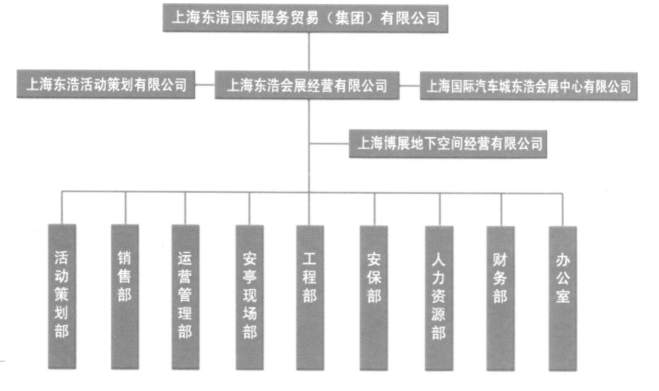

图5-3 上海东浩国际服务贸易（集团）有限公司组织结构图

自己的会展基地,组织举办会展都需借用上海已有的场馆,业务发展受到很大的制约。世博后的东浩会展公司接手上海世博展览馆,真是有了一个大产业,一个可以伸展腿脚的大舞台,接下来就看它如何伸展了。

东浩会展公司在主题馆竣工到世博会结束的一年多时间里,共接待了近3000万人次的参观者,已经经受了考验,出色地完成了各项保障服务,公司更获得了由上海市总工会所颁发的上海市"工人先锋号"、上海市"五一劳动奖状"等荣誉称号。世博会后,东浩会展公司将在世博园区内率先对上海世博展览馆进行市场化运作,需用市场行为当好业主、物业管理、会展经营三位一体的角色。

世博会后对主题馆首当其冲的任务就是重开二期建设,将主题馆预留的工程完成,并整修超负荷运营受损的场地和设备,进行适当改造,使其适应长久的会展使用。

当初,主题馆建设出于对资金、进度、世博会布展需求以及今后使用需求的考虑,在方案里将建设分为两期。后经群策群力,觉得如果能考虑"两期并一期"实施设计和施工,则能达到省时省钱、世博会后快速转型使用的目的。也就是在设计上将两期的建设通盘考虑,采用集约化建设,一期建设时就为日后的二期建设打好基础,搭好框架。最后的具体设计方案是,在东展厅部位设三层展厅,即地下一层、地上两层。一期施工

时打好做三层的地基,先做地下一层和地上一、二层的通层。通层为日后加层预留结构,并充分考虑到加层后整体使用的连接。世博会结束后,二期工程立即开工,在地上通层上加盖楼板(图5-4)。

地上二层的工程完成后,实际展厅面积增加7000 m²,整个主题馆室内的实际展示面积也达到将近8万平方米。这个面积虽比20万平方米的上海新国际会展中心场馆小不少,但

图5-4 东展厅地上通层加盖楼板

因其他场馆都只有2万~3万平方米，主题馆近8万平方米的面积弥补了上海会展场馆的缺档。世博会后，预计中的补缺优势很快出现。

世博会期间的超高密度、超高强度使用，使得撤馆后的主题馆伤痕累累，主题馆的二期工程也是一个整修工程。除了加层，其他展厅和设施也需逐一修整。超大无柱展厅的地坪要修整，地坪管沟内的垃圾要清除，堵塞的厕所要清理维护，损坏的防撞护栏及玻璃门窗等要更换，还其他的整修维护、包括重建项目全都要完成。在二期整修建设中，东浩集团先后投入了几个亿的资金。图5-5为工人在用铲刀一点一点手工清理地坪管沟内的垃圾。

整修建设后的上海世博展览馆占地11.5 hm²，建筑面积17.1万平方米，地上建筑面积9.3万平方米，由南北入口大厅、中央大厅、一号展馆、二号展馆、三号展馆、贵宾接待区构成；地下建筑面积9.3万平方米，由四号展馆、五号展馆、会议区域、洽谈用房、设备区域与停车库等组成，图5-6为地下一层平面图。室外三个广场（南广场、北广场和下沉广场）和两个卸货区（东卸货区和西卸货区）。10万平方米的室内、外展览面积布局合理，功能齐全，相关空间自由组合，十分便于参观，能满足不同规模展会及活动需求：8万平方米室内展览面积分为5个展馆，最小展览单元面积7 000 m²，最大展览单元面积2.5万平方米，为亚洲最大无柱展览空间；

图5-5 西展厅地坪管沟垃圾清理

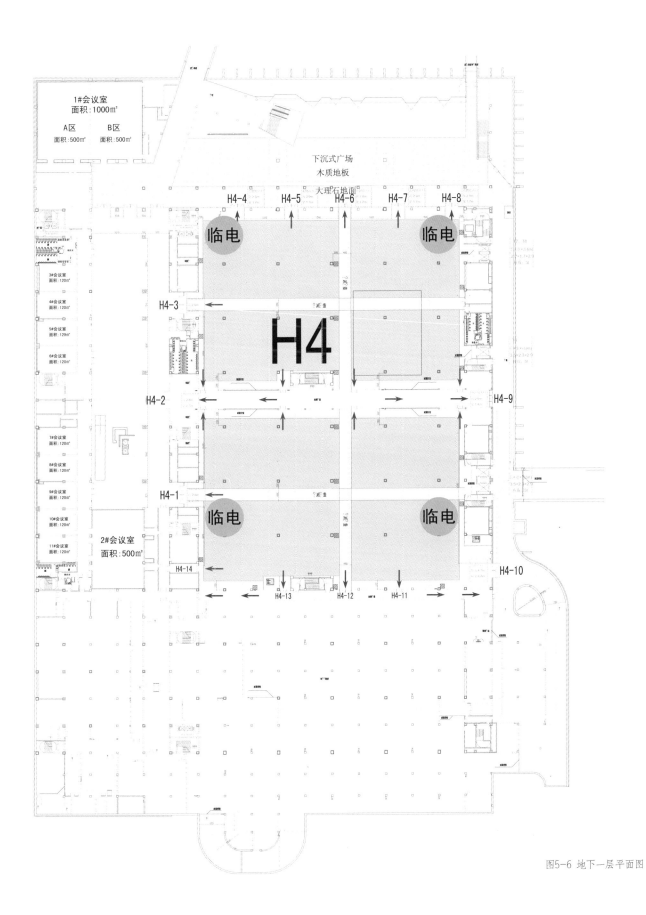

图5-6 地下一层平面图

1 万平方米的多功能中央大厅，空间可塑性强，一站式连接各个展厅与功能区域；3 000 m² 会议区域共有大、中、小 11 个会议室，最大可举行 780 人的高级别会议；9 万多平方米的配套用房可用作高级办公区、商务服务区、餐饮区、设备区等；2 万平方米的室外展场，与室内场地交相辉映。地上、地下停车区拥有近 1 500 个停车位，物流便捷。图 5-7 为展馆及会议室图片。一至四号展馆以及 11 个会议室的详细技术数据见表 5-2、表 5-3。

图5-7 展馆和会议室图片

表5-2   一至四号展馆技术数据

技术参数	一号展馆	二号展馆	三号展馆	四号展馆
展馆面积	125m×185.2m	90m×185.2m	90m×185.2m	90m×126.5m
地坪材质	强固水泥	强固水泥	强固水泥	强固水泥
展馆承重	3500kg/m²	2000kg/m²	1500kg/m²	2000kg/m²
货物入口	共6个入口，其中2个5.4m×5.75m，4个4.2m×4.3m（高×宽）	4个4.2m×4.3m（高×宽）		1个4.2m×4.3m(高×宽)
柱子数/间距	无柱	45根，宽度70cm，柱间距8m	9根，宽度80cm，柱间距18m	30根，宽度90cm，柱间距18m
电梯	无	5t货梯4部，3t货梯4部，3t货梯尺寸2.7m×1.50m×2.75m(长×宽×高)，5t货梯尺寸3.7m×2.10m×2.75m(长×宽×高)	5t货梯4部，3t货梯4部，3t货梯尺寸2.7m×1.50m×2.75m(长×宽×高)，5t货梯尺寸3.7m×2.10m×2.75m(长×宽×高)	5t货梯3部，3t货梯2部，3t货梯尺寸2.7m×1.50m×2.75m(长×宽×高)，5t货梯尺寸3.7m×2.10m×2.75m(长×宽×高)
地沟	共18条地沟，南北各均匀分布9条，每条间距9m			
供电方式	三相五线制，380V/220V，50Hz	三相五线制，380V/220V，50Hz	三相五线制，380V/220V，50Hz	三相五线制，380V/220V，50Hz
电量	6230A	暂定	暂定	5020A
展馆亮度	250Lux	300Lux	300Lux	200Lux
高度 — 展馆高度	23.00m	11.00m	9.00m	11.00m
高度 — 净高	14.7m	9.00m	5.40m	9.00m
高度 — 最大搭建高度	12.000m	暂定	暂定	暂定
给水口	共208个给水口，管径25mm	共49个给水口，管径25mm		共16个给水口，管径25mm
排水口	共208个排水口，管径75mm	共193个排水口，管径75mm		
压缩空气	正常压力8.5kg，卸载压力10kg	正常压力8.5kg，卸载压力10kg	正常压力8.5kg，卸载压力10kg	正常压力8.5kg，卸载压力10kg
消防	烟感报警、消防栓、大空间喷洒、中央监控系统	烟感报警、消防栓、自动喷淋、消防炮系统、中央监控系统	烟感报警、消防栓、自动喷淋、中央监控系统	烟感报警、消防栓、自动喷淋、中央监控系统
柱上消防栓宽度	22cm	22cm	22cm	22cm

续表

技术参数	一号展馆	二号展馆	三号展馆	四号展馆
柱上消防栓宽度	22cm	22cm	22cm	22cm
空调	中央空调	中央空调	中央空调	中央空调
电话/网络				
新风	有	有	有	有
安保系统	24小时保安服务、中央监控、传感报警	24小时保安服务、中央监控、传感报警	24小时保安服务、中央监控、传感报警	24小时保安服务、中央监控、传感报警
问讯台				
广播系统	有	有	有	有
应急照明	有	有	有	有
卫生间	2个男厕（站位各8个、蹲位各7个），2个女厕（蹲位各10个），残疾人专用厕所2个	2个男厕（站位各9个、蹲位各5个），2个女厕（蹲位各12个），残疾人专用厕所2个	4个男厕（站位各7个、蹲位各5个），4个女厕（其中2×11个，2×12个），残疾人专用厕所4个	2个男厕（站位为7/8、蹲位5/7个），2个女厕（蹲位12/13），残疾人专用厕所2个

表5-3 会议室的详细技术数据

会议及宴会场地	场地量度 长×宽×高(m)	平均亮度	容量（人）				音响系统	影像系统	同声传译系统
	使用量度	(Lux)	课桌式	会议式	U型	宴会式样			
系统	式样	有/无	有/无				有/无	系统	同声
系统	系统	传译系统						传译系统	
传译系统	传译系统								
	使用量度	(Lux)	课桌式				会议式	U型	宴会
式样	有/无	有/无	有/无						
一号会议室	34×25.5×5.8	500		780					
二号会议室	17.4×26×5.8	500		336					
三号会议室	12.5×8.5×2.8	500		60					
四号会议室	13×8.5×2.8	500		60					
五号会议室	13×8.5×2.8	500		60					
六号会议室	13×8.5×2.8	500		60					
七号会议室	13×8.5×2.8	500		60					
八号会议室	13×8.5×2.8	500		60					
九号会议室	13×8.5×2.8	500		60					
十号会议室	13×8.5×2.8	500		60					
十一号会议室	13×8.5×2.8	500		60					

5.2.2 上海世博展览馆迎来了真正的商展热潮

如果说，世博会是政府行为，主题馆出现大流量是必然的，那么世博会后的上海世博展览馆是否会人去楼空热闹不再？外行人估量不出还会有多少会展来到上海世博展览馆。国外确实有保留着的世博场馆遭到冷遇、被长期搁置的先例。另外，照一般规律，展馆建成后，会有4~5年的培育期，让市场来认识和熟悉它。十分有幸的是，热热闹闹的上海世博会已经给主题馆预热过了。在上海世博会中经受考验的主题馆，其宏大、气派以及一流的服务设施和服务品质等信息已经存入了许多国内外参观者的脑海中。

2010年11月，世博会降下帷幕不久，就有展商乞求捷足先登。上海环球展览有限公司要求签约，要在第二年的5月，也就是2011年5月使用2.5万平方米的无柱展厅，举办第16届中国国际建筑贸易博览会。此时主题馆内还没有撤馆，接下来关于主题馆还有一大堆的善后事项要做，包括建设项目审计，包括完成二期工程，但是拗不过展商的请求，东浩会展公司与其签署了长期销售的合同，这位展商会把以后几年的展会档期也落在上海世博展览馆。这是主题馆转型商展后的第一个合同，来得太快，似乎也太爽了。

然而，接下来的过程让东浩会展公司经历了不同于世博会的新考验。

对主题馆的项目审计到2010年底也没有结束，撤馆工作一直往后拖，其他整修建设工作也跟着往后移，而来年的5月份就要用展厅了。东浩会展公司老总心中着急，劝展商解除合同。展商未允，说找不到更合适的场地了，准备搏一记。还说，"到时你们在东面尽管施工加层，我们哪怕临时用用西展厅，无论如何也比在体育场或农田里好。"东浩会展公司老总无话可说，只得在2011年春节主题馆撤馆后，紧赶慢赶把25 000 m²的西展厅地坪、管沟拾掇齐整，总算没有怠慢第一位客户。

不过，上海环球展览有限公司虽是第一个与东浩会展公司签约的展商，但不是第一个在世博会后使用主题馆的单位。在它之前，还有一个上海纺织技术服务展览中心在3月中旬租用了主题馆12 000 m²面积，举办国际时尚服饰展览会。

从2011年3月开始，上海世博展览馆就陆续被签约，场馆、会议厅被出借，至7月初，已举办了4场展会、2次会议。在加层、初步整修完成后，8月中旬开始，上海世博展览馆宣布正式进入试运营。

试运营阶段，东浩会展公司吸收了年轻的世博志愿者，组织、充实了管理和服务团队，对员工进行多次岗位培训，要求将先前的世博会服务理念灌输到商业服务中，增强服务意识，提高服务手段，加强服务技能，上海世博展览馆还为此增添启用了新的服务软件。

试运营阶段，上海世博展览馆出奇地热门，展会签约将近40场，展会的密度是少有的，其中不乏美国、德国、日本、韩国等国展商组织的国际展会。为此上海世博展览馆还在网上公布2011年3月至12月展会安排表，告知展商场馆租借紧张，请他们注意"档期"安排。

上海世博展览馆在世博会后的第一年，场馆出租率就达到 35%，这样的效率在国外展馆不多，在国内上海、北京、广州、深圳四个会展一线城市更是少见。试运营阶段营业收入达 8000 万元人民币，已经开始盈利了。截止到 2011 年底，上海世博展览馆已成功举办各类展会活动 42 场。

2012 年春节过后，上海世博展览馆更是迎来了全面的火爆，截至 2012 年 3 月 28 日，东浩会展公司已签出到 12 月上旬的 73 个合同。其中一次使用所有场馆 71 000 m² 的有 2 月中旬上海国际展览服务有限公司举办的"第 21 届中国国际婚纱摄影器材展览会暨国际儿童摄影、主题摄影、相册相框展览会"，租用面积比世博会期间主题展用得还大。之后的 7 月上旬，该公司又使用同样的面积举办了第 22 届展会。

据说，这种类型的展览会均十分受参观者青睐，一年举行两次，婚庆公司、影楼、婚纱服装厂、婚庆配件饰品等婚庆产业链上的机构对展会无不趋之若鹜。但是，过去苦于没有大场馆，一次展会要分别放在上海光大会展中心、上海世贸商城、上海国际会展中心三个展馆进行，而上海世博展览馆能一次性解决该类型展会的需求，展商因此也就与东浩会展公司签订了 10 年租借合约。

用上 71 000 m² 场馆的还有"第 16 届中国国际食品添加剂和配料展览"。另外用上 5 万平方米、4 万平方米的展会也不少。4 月 5 日—8 日由上海市商务委员会与台北世贸中心举办的"2012 台湾名品博览会"，使用场馆 42 000 m²，名品展览加现场销售，吸引了众多市民参观。

另外，4 月 19 日开幕的"第十七届中国国际船艇及其技术设备展览会"是亚洲最大的游艇展览会，一共展出了 500 艘游艇和各种相关或衍生产品，连浦江边上也搭起了陈设码头。此次展览会影响很大，展会中 500 艘游艇被一订而空。

图 5-8 为 2011—2012 年部分展览会的现场。

（a）2011年5月"第16届中国国际建筑贸易博览会"展会现场

（b）2011年5月"第16届中国国际建筑贸易博览会"展会现场

(c)2012年2月"中国(上海)国际眼镜业展览会"展会现场

179

(d) 2012年3月"2012上海国际流行纱线展示会（春夏季）"展会现场

（e）2012年3月"第16届中国国际食品添加剂和配料展览"展会现场

(f) 2012年4月"中国国际染料工业暨有机染料、纺织化学品展览会"展会现场

（g）2012年4月"NEPCON CHINA 2012"展会现场

(h) 2012年5月"2012上海国际珠宝首饰展览会"展会现场

189

（i）2012年7月"第八届中国国际动漫游戏博览会"展会现场

（j）2012年9月"2012年第
十八届中国国际家具生产设备
及原辅材料展览会"展会现场

图5-8 部分展览会现场

以下对已经举办的几场典型展览会情况进行详细的介绍。

1. 第21届中国上海国际婚纱摄影器材展览会暨国际儿童摄影、主题摄影、相册相框展览会

2012年2月中旬的上海阴雨不断，前一场展览"皆喜婚礼节"（时间：2012年2月11日—2012年2月12日）刚结束，还在连夜进行撤展工作，上海世博展览馆周边道路上却早已停满了货车，"第21届中国上海国际婚纱摄影器材展览会暨国际儿童摄影、主题摄影、相册相框展览会"（以下简称"婚纱展"）准备入场了，其展出时间为2012年2月15日—2012年2月18日。一场"攻坚战"即将打响（图5-9）。

图5-9 "第21届中国国际婚纱摄影器材展览会暨国际儿童摄影、主题摄影、相册相框展览会"展会现场

1）空前绝后的"硬仗"

经过去年半年 42 场展会项目的全面运营，东浩会展公司通过不断总结经验，逐步改进和完善展馆的服务功能，提高服务质量，公司年轻的项目工作人员也在半年的连续奋战中累积了不少实战经验，但在面对"婚纱展"时，还是显得有些紧张和担心。"婚纱展"是展馆运营以来规模最大的一场展会，使用了包括民防工程（5 号馆）在内的上海世博展览馆的所有展厅，由于民防工程在"婚纱展"后将转做商业开发，因此这也可以说是一场"空前绝后"的展会，规模达 8.3 万平方米，共有约 670 家企业参展，万余名搭建、运输工人和工作人员从各个出入口涌入展厅，不仅带给展馆物流巨大的考验，更让展馆的安全工作承受了不少压力。

早在"婚纱展"进馆的一个多月前，东浩会展公司就针对该展会的情况对人员配备、设备运转等工作进行了部署，同时加强与主管部门的联系和沟通，针对车辆和人员进出各展厅的路线图、卸货区域分布图、货车停放点等不断研究和探讨，制定了一套物流方案，确保进出馆各条通道畅通无阻，车流、人流进出有序；还反复提醒主办方——上海国际展览服务有限公司让搭建和运输的工人提前做好实名认证，更要求在搭建期间每一个进出展厅的人都必须带上安全帽。在搭建现场，公司相关部门和物业服务团队更是全员出动，保安团队除了守住各个主要出入口，更加强对展厅内的巡查力度，一旦发现安全隐患便立即上报；保洁团队一刻不停地清理着搭建现场的垃圾，确保垃圾不过夜，过道不堵塞；设备保障团队不断地检查各设备的运转情况，发现问题立即处理；公司相关部门的人员驻守展馆，随时协调处理各种突发状况及主办方和展商的临时需求等。例如，主办方临时增加广告区域，要求增加电梯使用量；展商临时改变电箱位置，临时改变对会议室的布置；等等。这些临时需求对时间的要求都十分紧迫，给会展服务工作带来了一定压力，却丝毫没有影响会展服务的质量，经过现场项目经理有条不紊的安排，现场工作人员总能在最短的时间内将临时需求安排妥当。

"婚纱展"开展的第一天，即创下了单日参观者数量的最高纪录，展馆迎来近 6 万名专业观众。公司增派保安积极协助主管部门指挥周边交通，引导人车分流，进出排队，展馆周边秩序井然；由于开展三天都是下雨天，公司增派保洁人员负责清除中央大厅地面积水，避免了观众因滑倒而受伤的事故发生。在撤展过程中，成功实现了"无缝对接"，即"婚纱展"撤馆，运输货车驶离展厅，下一场"中国（上海）国际眼镜业展览会"（时间：2012 年 2 月 22 日—2012 年 2 月 24 日）搭建车辆立即进馆卸货。随着最后一辆"婚纱展"撤馆货车的离开，这一场空前绝后的"攻坚战"终于结束了。上海世博展览馆用"专业、严谨、高效"的服务，得到了主办方的认可，也取得了这场战役的胜利。

2）"天罗地网"的反扒行动

诸如婚纱展这类大型展会，展商多，搭建施工人员多，观众更多，现场必然会有偷盗的情况发生。为此，会展公司主动联络公安处，积极配合他们制定反扒方案；用展厅广播反复提醒展商、搭建人员和观众注意；用展厅内分布的摄像头严密监控展厅内的情况；在展厅内及公共设施的显著位置张贴

"警方提示";现场更增派保安进行巡逻,一旦发现可疑人员,立即锁定并重点监察。

值得一提的是,为更好地对搭建施工人员进行管理,避免混入不法分子,本次"婚纱展"在每个展厅内都设置了多个验证点。每一位施工工人都必须进行"实名认证",办理并佩戴好"进、撤馆施工证"才能进入展馆。但由于本次展会规模特别大,进出展馆施工的工人特别多,未免有人"鱼目混珠",用假证蒙混过关,为此会展公司加大了验证的力度,除了在展馆门口设置验证点,更为展厅内部分巡逻的保安配备了PDA手持式移动验证机,随时随地对进入展馆施工人员的证件进行检查。

如此大力度的监察和管理,犹如一张"天罗地网",牢牢地控制着现场情况,大大降低了发案率,让展商安心参展,让观众放心观展。

3)拾金不昧的工作人员

就在婚纱展开展的第一天,一位保安队员来到展馆现场办公室上交了一部崭新的手机,这是他在展厅里巡逻时拾获的,他说在拾获的现场问了周边经过的展商和观众,但没有寻找到失主,于是立即上报保安主管,并上交到现场办公室。

由于此时已经临近闭馆,观众早已离开,而展商也走得差不多了,失主很可能已经不在场馆里了。如果是展商的手机,那么明天还可能找到失主,但如果是观众的手机,找到的机会就相当渺茫了。"失主一定急死了,该怎么办呢?"现场的工作人员都犯愁了。这时会展公司常务副总经理周建军的一句话点醒了大家,"查查看他手机的通讯录,一个个打过去,不就能联系到失主身边的人,而通知他来领手机吗?""对啊!"大家马上开始查看手机里的通讯录,并一个个地拨打,确认失主身份。皇天不负苦心人,终于在拨打到第六个电话的时候,寻找到了失主,并通知他第二天到现场办公室领取手机。

第二天,手机的失主来到现场办公室,为了谨慎起见,现场工作人员让他现场报出手机号码,同时反复确认其身份后,才将手机交还给失主。拿着失而复得的手机,失主激动地说:"本来以为手机被偷了,已经不抱任何希望了,突然朋友通知我说手机在展馆的现场办公室,让我打电话过来确认。当时我激动的手都不听使唤了,一直拨错号码。真的太感谢你们了。"说完,他深深地鞠了一躬表示感谢。

"婚纱展"期间,像这样拾金不昧的例子还有几个,失主有展商,有观众,他们除了感激,更对会展公司工作人员高尚的品格称赞有加。

尽管这场"空前绝后"展会已经结束了,但它确实为东浩会展公司的现场服务累积了大量宝贵的经验。

2. 2012上海台湾名品博览会

2012年4月5日—8日举行的"2012上海台湾名品博览会"(以下简称"台湾名品展")是由上海市商务委员会与台北世贸中心联合主办,此次展会吸引了来自台湾各行各业近800家知名企业前来参展,规模达到42 000 m²(图5-10)。

图5-10 "台湾名品博览会"展会现场

1）高质量的展示内容

展会设"台湾精品馆"、"台湾农业精品馆"等展馆，以及"绿色贸易专区"、"台湾名茶区"、"农产食品区"等展区，不仅有台湾正宗的精选特色农产品、精致隽永的文创产品、获利满分的运动产品、护理肌肤的美容科技、引领风潮的服饰配件，更有原汁原味的台湾特色美食及浓醇滑顺的台湾名茶等。本次展会的展台选用铝合金和方钢作为搭建材料，不仅造型精美，且所有搭建材料均能重复利用，十分环保。展会举办了4天，共吸引了近26万人次的观众前来参观，"全球第一台疲劳侦测器"、"全球第一台速度最快的29寸登山车"、"全球第一台PC界面的体感娱乐系统"、"全球第一台不需要连接电脑的无线实物摄影机"等等，让人眼花缭乱，目不暇接。观众们在享受地道台湾美食的同时，通过展馆和展台的设计对台湾的民俗文化和科技发展有了更进一步的了解。

2）高级别的关注力度

由于强大的政府背景，"台湾名品展"在筹备之初就得到了上海市政府相关领导和部门的高度重视，上海市商务委员会，上海市公安局，上海市消防局，上海市食品药品监督局，上海市浦东新区政府、工商局、消保委、环保局等相关部门全程参与展会的筹办工作；上海市委常委杨晓渡、上海市副市长艾宝俊、上海市政府副秘书长沙海林等市领导在展会搭建期间多次视察了展会搭建现场，特别对展台搭建、观众入口、消防通道等安全重点区域进行了查看，并在现场召开会议听取展会各小组的准备情况，更强调了要加强展会期间安全工作：除了展会现场的安全，更要对大客流有应急预案，同时注重食品卫生安全等，还要加强展会现场的监控力度。上海市市长韩正不仅在展会开幕当天发来贺电，更于4月7日上午，在市委常委杨晓渡、市政府副秘书长沙海林、台北世界贸易中心董事长王志刚等陪同下，亲临展会现场参观并听取了情况介绍（图5-11），他表示"希望沪台两地进一步加强交流，让两地人民得益"。上海市领导和台北世贸中心同仁对东浩会展公司为展会所做的各项工作给予了充分肯定。

图5-11 上海市市长韩正亲临展会现场参观

3）高科技的服务手段

作为世博展览馆科学化管理的助推器，东浩会展公司从去年就着手引进展馆管理软件的各项工作，今年初进行了展馆管理软件安装和调试，并从"台湾名品展"起，逐步启用管理软件对现场服务订单进行处理，不但进一步提高了服务效率，更加快了现场服务费用的汇总和结算。公司还从游艇展开始，启用了财务现场收费系统，加快了现场收费速度，为财务核对收费情况节省了不少时间。此外，公司还在每个展厅人员出入口上方加装了红外线人流计数器，对每个展厅的人流进行监控，并实时对每个展厅的观众人次数进行统计。"台湾名品展"时，公司对进出 1 号、2 号展厅的人流量进行了实时统计，获得了累计参观人数、最多逗留人数、最长逗留时间、平均逗留人数、平均逗留时间等数据，公司将统计的数据反馈至主办方，得到了主办方的热烈欢迎，不仅为其分析展会举办情况提供了科学化的依据，更对其今后办展的方向奠定了基础。

3. 第十七届中国国际船艇及其技术设备展览会

2012 年 4 月 19 日—22 日举行的"第十七届中国国际船艇及其技术设备展览会"（以下简称"国际游艇展"）更是吸引了众多眼球（图 5-12）。作为亚洲规模最大、中国历史最悠久的综合性游艇展会，今年首次移师上海世博展览馆，高端展会登陆高端展馆，自然也是亮点倍出。本届游艇展室内、外展览面积达到 38 000 m²，同比去年增加 21%；吸引

图5-12 "第十七届中国国际船艇及其技术设备展览会"展会现场

了来自美国、意大利、日本、西班牙等 450 家展商参展，近 500 条实体船集中亮相，观众数量更是首次达到 31 835 人，比去年提高 30%。不少参展商纷纷带来各自的新产品和新技术，如在伦敦游艇展上获得众多奖项的 Sunseeker 28 m 手工打造的水上"劳斯莱斯"、宾士域游艇的"背景音行驶"技术、博纳多的 2012 全新船型邀享仕 41、毅宏游艇的 IPAD 智控技术、飞驰最新 REGAL 船艇等都在此次展览会上首次亮相。开展首日，参展商之一的巴富仕即售出一艘迪拜品牌"皇家 88"，总价达 3 680 万元；飞驰游艇的 4 艘展艇全部初次洽谈随即现场签售；圣斯克亚洲带来的 Sunseeker 40 m，是目前国内最大的游艇之一，售价高达 1.4 亿元，创下本届展会单艇售价最高的记录……据不完全统计，本届展会促成 22 亿元交易额，相比去年增长 120%，一举夺下至今为止国内同类展会成交额冠军。其中展会现场实际成交额近 10 亿元，意向成交额近 12 亿元。值得一提的是，作为展会重要展示区域的上海世博展览馆北广场展区，数十艘游艇在展馆外部景观灯光的衬托下显得格外华丽夺目，令主办方和参展商对为游艇展设计打造的具备了一流展馆条件的上海世博展览馆赞不绝口。

在"国际游艇展"开幕式上，全国政协港澳台侨委员会副主任陈明义、全国政协常委蒋以任、上海市副市长赵雯等领导应邀出席，并为展会开幕剪彩。随后，领导们还兴致勃勃地参观了展会，对于展会的各项工作给予了肯定。

"台湾名品展"和"国际游艇展"是东浩会展公司向打造"最有品位的展馆"方向前进中最具代表性的展会。通过这两场大型展会，东浩会展公司又累积了不少实战经验。公司还将在高科技的服务手段上下功夫，使展馆的服务变得更加科学化、规范化、智能化，树立上海乃至全国展馆中服务精品展会的专业品牌，争做最有品位的展馆。

上海世博展览馆使用率的走高，验证了建造前期做出的关于"国内大面积高规格展馆市场缺口大"的判断，当初将主题馆建成为永久性场馆的决策是正确的，上海世博展览馆抢占了会展经济发展的先机，获得了投入产出、当年运营、当年盈利的高效益。

5.2.3 主题馆物业管理新挑战

对于一座建筑，特别是公众使用的建筑，工程项目管理上有一个"建筑项目全寿命期管理"理念。这个理念源于一些国外专家对相当数量建筑物的建造和维护费用的统计和分析。专家发现，运营一段时间后，将用于建筑物的费用进行统计和分析，用在建造上的费用占总支出的 1/5，而用于运营维护的费用则要占 4/5。一般来说，业主在房屋建造时总是很在乎一大笔资金的投入，总会想着加以控制。至于运营后维护的花费怎么样，在建造前期往往无人顾及。因此专家提出，如果在建造前期就能对运营时的成本有所分析，设计时能为降低运营维护成本做充分考虑，情况就会有所改变。于是提出了要对建筑项目进行全寿命期管理的理念。于是，一些工程项目管理机构及其专家把贯彻这一理念作为服务于业主的专项业务，国内也有这样的专家。事实证明，重视建筑物的全寿命期管理，长远、宏观来看，对节省社会资源大有裨益。

但是，这个理念对是对，好是好，要在中国推行不那么容易。中国从上到下对建设速度的要求太高了，从立项到设计，到开工，到竣工，给出的时间往往压缩到极限，很少有充裕的时间可以认真分析评估今后的建筑运营成本。主题馆实际也遇到这样的问题，给运营中的物业管理带来特别的大压力。这里不光是金钱大把花出去的问题，还有如何应对接踵而来的展会，如何服务好客户的问题。

与世博会期间的运营管理不同，那时可说是非常时期，除了业主派生的物业管理外，几乎所有参与建设主题馆的设计、监理、施工，包括水、电、气、消防、空调等专业施工全都安排人员留在现场参加巡查、监视，全方位地控制场馆及其设备运行，只要出现一点小问题，专业人员立马就地解决。世博会后专业人员都已散去，东浩会展公司此后要独挡一面了。

世博后的运营管理还有一点与之前不同，就是世博会6个月里是同一种展示，布展后，中间除了天气和人流变化外，展示本身不变。而世博后的展会行业种类各不相同，一次展示仅三四天，五六天，先搭后撤忙得很。仅拿2012年3月来看，就有12场不同的会展，各个展会对水、电、空调、消防的需求不尽相同。特别是大型展会纷至沓来，用电量的需求很大，对运营管理提出了很大挑战。

在所有建设者两年多的努力下，竣工时主题馆称得上是一流国际标准的场馆，但天底下没有完美无缺的东西，建筑也不例外，特别是建设期过于急迫的建筑，之前无暇顾及的问题在运营中显露了，无疑给运营管理带来更多的压力。

如用电问题，设计中似乎已作了较周密的考虑，却没料到超大无柱展厅引来了超大用电户。有个锻造设备展会，对主题馆内亚洲第一跨的无柱展厅很是喜欢，一个个巨无霸的设备总算找到满意的展示场所。虽说世博会已经不再突出产品展示，但专事展示产品的展览会仍然热闹非凡，而这类展览也在与时俱进，已不再仅限于陈列一下物品、摆摆样子给大家看看而已，而是要"真刀真枪"现场作演示，以吸引更多的眼球。这个锻造设备展览竟然要现场演示锻造，那该要用多少电啊！确实，展商所报的需电量与主题馆所能提供电量缺口巨大。

遇到这种情况，既要留住客户，又要解决问题。东浩会展公司依据经验，知道一般客户报用电量时总是多报为好。运营管理人员仔细调查了展会上各用电大户的真实用电情况，与布展的设计方和供应商商量好，将馆内8个配电间送电时间划分区域，每个区域分批开启设备，打一个时间差。每天展会结束，特别检查开关，防止出现故障，以保证第二天正常使用。因为采用了精细化、主动控制的手段来进行管理，化解了矛盾，满足了展会需求。

屋顶漏水问题是建筑的顽疾，建造时设计或施工稍不周全，就会有屋顶渗水、漏水隐患。一旦隐患变真患就要受到用户埋怨和指责。主题馆尽管十分重视屋顶防水，仍有不测之处。因工期太紧，主题馆的整个钢框架没有足够的时间沉降到位，发生了中庭顶上的玻璃受沉降影响开裂情况；另外排烟窗也因控制系统太敏感误报信息而开启，下雨时造成室内进水。这些问题在施工期间还容易解决，而竣工后再修复难度要增加好几倍。其中包括了先期对建筑全寿命期管理顾及不周带来的麻烦。

物业管理人员都知道，他们把一切事情都做到位，展会平安无事，没人会想到物业管理的功劳，因为一切都是应该的。而一旦有一个不如意，无论是水、电、空调，还是展馆里其他问题，立马会使物业成为对立面。世博会后的东浩物业管理队伍重整旗鼓，从两方面来提高物业的保障水平：第一是查找运营后显露出来的缺陷，如消防出现排烟警报误报，就想法调整、改进系统，减少误报率。玻璃损坏及时更换，窗子橡皮条老化，也及时更换，操作时困难再大，也要想办法，花功夫解决。第二是启用先进的网络管理技术，用科学化、信息化、职业化、标准化的网络系统管理取代世博会期间的24小时"人海战术"管理。当然，实现这个目标要从最基础的信息收集做起。

东浩会展公司发动各个部门提供信息，完成物业管理系统建设。在这个系统里，要将管辖范围内的每一个房间、每一个区域所有设备的名称、型号、使用期限都一一收录，要求每一盏灯、每一个开关都立即能在网络系统里查询到，知道它们都安装在哪里，何时购买的，目前的状况如何。网络里所有的物业的信息都成为共享信息，不会因某个人员的更换而丢失了他所掌握的信息，给后来人的管理造成盲区。所有设备情况可以让每一个管理人员掌握，包括空调设备的水系统、风系统、风机盘管的路线，以及每个配电箱里都是些什么内容，何时开，何时关等等都可清楚记录和显示。物业管理人员全部经过上岗培训，学习先进的物业管理技术，学习自己所管理的设备的有关知识，只有这样，才能担当起为一流国际标准场馆运营保驾护航的重任。

虽然中国主题馆会载入世博会主题馆建筑的史册，人们不会忘记它的辉煌，但告别世博会的它无暇沉溺于曾经的辉煌。匆匆转过身去，它所直面的是一场又一场宏大的展会正排着队等待它的接纳。2012年未到，50场展会的档期表已经落实。主题馆是中国会展经济发展的见证者，也是迎接中国走向会展大国的先行者。

表5-4、表5-5分别为2011年、2012年上海世博展览馆会展档期表。

表5-4　　　　　　　　　　　　　　　　　　2011年上海世博展览馆展会档期表

序号	展名	主办单位	租馆日期	展会日期	租赁面积/m²	馆号
1	上海国际时尚服饰展览会	上海纺织技术服务展览中心	3月14日—18日	3月16日—18日	12000	4号
2	2011世博地产年会——长三角城市规划与地产发展	上海东浩会展活动策划有限公司	4月25日—27日	4月27日	—	1号会议室
3	上海交大房地产总裁年会	上海思博绍兴饭店管理有限公司	5月17日—20日	5月2日	—	1号会议室
4	第16届中国国际建筑贸易博览会	上海环球展览有限公司	5月22日—28日	5月25日—28日	25000	1号
5	2011中国国际生物技术、分析仪器和实验室设备博览会	上海现代国际展览有限公司	5月30日—6月3日	6月1日—3日	4000	4号
6	第五届中国(上海)楼梯进出口交易会	深圳亚太传媒股份有限公司	7月1日—5日	7月3日—5日	12000	4号
7	第十二届中国(上海)墙纸、布艺及家居软装饰博览会	北京中装华港建筑科技展览有限公司	8月15日—19日	8月17日—19日	54000	1，2，3号
8	2011(上海)中国国际金属成形展览会	中国锻压协会	8月20日—26日	8月23日—26日	17000	1号
9	中国汽车用品采购交易会	上海歌华展览策划有限公司	8月24日—28日	8月26日—28日	17000	2号
10	2011年中国.上海家庭用品、促销品及工艺品创意设计展览会	北京励展华群展览有限公司	8月30日—9月4日	9月1日—4日	12000	4号
11	哈根达斯中秋月饼提取点	通用磨坊贸易(上海)有限公司	8月31日—9月9日	8月31日—9月9日	200	5号
12	2011上海国际流行纱线展示会(秋冬季)	Well Link Consultants Ltd.	9月2日—9日	9月6日—8日	17000	3号
13	第17届中国国际复合材料展览会	中国复合材料集团有限公司	9月5日—9日	9月7日—9日	11000	1，2号
14	第17届中国国际家具生产设备及原辅材料展览会	上海博华国际展览有限公司	9月11日—17日	9月14日—17日	51000	1，2，3号
15	2011上海国际生态生活方式展览会	上海亦可为商务信息咨询有限公司；上海浦东国际展览公司	9月13日—17日	9月15日—17日	6000	4号
16	第八届上海国际电力设备及技术展览会	雅式展览服务有限公司	9月19日—23日	9月21日—23日	25000	1号
17	第六届石油石化天然气技术装备展览会	上海艾展展览服务有限公司	9月19日—23日	9月21日—23日	8500	2号
18	2011上海国际灯饰制造业博览会暨上海国际路灯、庭院灯及户外照明展览会	广州市鸿威展览服务有限公司	9月19日—23日	9月21日—23日	6000	4号
19	上海国际冶金工业展览会	上海申仕展览服务有限公司	9月24日—28日	9月26日—28日	37000	1，2号
20	2011世博住宅家居展	上海东浩会展活动策划有限公司	9月29日—10月5日	10月2日—5日		1号
21	2011上海进口汽车博览会	上海东浩会展活动策划有限公司；上海现代国际展览有限公司	10月1日—5日	10月3日—5日		1号
22	第十四届上海国际非织造材料展览会	上海希达科技有限公司	10月10日—14日	10月12日—14日	17000	1号
23	2011第三届上海国际减灾与安全博览会	上海国际广告展览有限公司	10月10日—14日	10月12日—14日	8500	2号
24	第九届中国国际半导体博览会暨高峰论坛	中国国际贸易促进委员会电子信息行业分会	10月24日—28日	10月26日—28日	17000	1号

续表

序号	展名	主办单位	租馆日期	展会日期	租赁面积/m²	馆号
25	2011上海国际三网融合技术与应用博览会、2011上海国际数字内容和软件博览会	上海工业商务展览有限公司	10月24日—28日	10月26日—28日	8000	1号
26	第十五届上海国际口腔器材展览会暨学术研讨会	上海展星展览服务有限公司	10月24日—29日	10月26日—29日	40000	2，3号
27	第二届中国国际新材料工业展览会	北京雅展展览服务有限公司上海分公司；雅式展览服务有限公司	10月30日—11月3日	11月1日—3日	8000	2号
28	2011中国国际饮料工业科技展	中国饮料工业协会	11月3日—8日	11月6日—8日	25000	1号
29	2011中国国际水处理化学品、水溶高分子、造纸化学品、工业表面活性剂技术及应用展览会	中国化工信息中心	11月5日—9日	11月7日—9日	6500	2号
30	2011FASHION时尚潮流商品(上海)购物展	长沙领秀展览策划有限公司	11月9日—21日	11月11日—21日	10000	3号
31	2011腾讯游戏嘉年华	深圳市腾讯计算机系统有限公司	11月13日—18日	11月19日—20日	6250	1号
32	2011上海国际破碎机、建筑外加剂、散装水泥暨混凝土装备展览会	上海中壹展览有限公司	11月13日—14日	11月15日—17日	4000+1500	1号、北广场
33	2011上海国际太阳能光伏博览会暨光伏产业论坛、2011上海国际风能博览会暨风能产业论坛	上海雅辉展览有限公司	11月14日—18日	11月16日—18日	8500	2号
34	2011上海国际新一代信息技术及光电博览会暨2011上海光电建筑一体化研讨会	上海冠通展览策划有限公司；上海浦东国际展览公司	11月19日—23日	11月21日—23日	8500	2号
35	上海国际电动车技术装备及充电站设备展览会、上海国际智能电网展览会、上海国际清洁能源展览会	上海工业商务展览有限公司；上海鸿与智实业有限公司	11月26日—30日	11月28日—30日	8500	2号
36	上海国际黄金珠宝玉石展览会	博闻(广州)展览有限公司	11月30日—12月5日	12月2日—5日	18000	1号
37	上海国际汽车用品展览会	中国国际贸易促进委员会台州市支会	12月6日—10日	12月8日—10日	25000	1号
38	AMADA中国展	天田香港有限公司	12月11日—22日	12月16日—19日	10000	1号

表5-5　　　　　　　　　　　　　　　　　　2012年上海世博展览馆展会档期表

序号	展名	主办单位	租馆日期	展会日期	租赁面积/m²	馆号
1	皆喜婚礼节	上海瑞可利广告有限公司	2月9日—12日	2月11日—12日	7000	4号
2	第二十一届中国.上海国际婚纱摄影器材展览会暨国际儿童摄影、主题摄影、相册相框展览会	上海国际展览服务有限公司	2月13日—18日	2月15日—18日	71000	1，2，3，4号
3	中国(上海)国际眼镜业展览会	中国眼镜协会	2月20日—21日	2月22日—24日	59000	1，2，3号
4	中国国际化妆品、个人及家庭护理用品原料展(PCHi)	国药励展展览有限责任公司	2月25日—29日	2月27日—29日	15000	3号
5	中国国际家用纺织品及辅料(春夏)博览会	中国家用纺织品行业协会；中国国际贸易促进委员会纺织行业分会	2月26日—3月2日	2月29日—2日	35000	1，2号
6	2012中国(上海)国际林业采购交易会、2012上海纺织品面辅料展博览会、2012中国(上海)国际服装服饰贴牌加工博览会	上海歌华展览服务有限公司	3月3日—7日	3月5日—7日	14000	2号
7	2012上海国际流行纱线展示会(春夏季)	WELL LINK CONSULTANTS LTD. 利佳展览服务(上海)有限公司	3月3日—9日	3月6日—8日	12000	3号
8	2012NOVO上海国际品牌服装展览会	上海尚汇展览有限公司	3月4日—10日	3月7日—9日	25000	1号
9	2012上海国际宠物犬博览会	上海外经贸商务展览有限公司	3月7日—11日	3月9日—11日	12000	4号
10	宝马汽车广告拍摄	上海风靡文化传播有限公司	3月11日	3月11日	1800	北广场
11	第二十一届中国国际电子电路展览会(CPCA SHOW 2012)	上海颖展展览服务有限公司	3月11日—15日	3月13日—15日	25000	1号
12	第七届国际胶粘带、保护膜及光学膜(上海)展览会；第七届国际模切及背光技术(上海)展览会	上海富亚展览有限公司	3月12日—16日	3月14-日—16日	12000	2号
13	上海绿色建筑贸易博览会暨第四届上海人居环境科技展览会	上海茂发会展服务有限公司	3月12日—15日	3月13日—15日	12000	4号
14	2012中国热泵及配套设备展览会	深圳戎马广告有限公司	3月18日—19日	3月20日—22日	6500	4号
15	上海国际能源技术装备展暨太阳能光伏大会	上海艾展展览服务有限公司	3月19日—20日	3月21-3.23日	23000	1号
16	第十六届中国国际食品添加剂和配料展览会	中国国际贸易促进委员会轻工行业分会、中国国际食品添加剂和配料协会	3月25日—30日	3月28日—30日	71000	1，2，3，4号
17	2012上海台湾名品博览会	上海市商务委员会	4月1日—8日	4月5日—8日	42000	1，2号
18	中国国际染料工业暨有机染料、纺织化学品展览会	上海国际展览服务有限公司	4月9日—13日	4月11日—13日	20000	1号
19	第二届中国(上海)国际人造革合成革工业展览会	北京金丰益泰展览展示有限公司	4月17日—21日	4月19日—21日	10000	2号
20	2012中国(上海)国际奖励旅游及大会博览会	中新会展(上海)有限公司；国旅(北京)国际会议展览有限公司上海分公司	4月16日—19日	4月18日—19日	6000	4号
21	2012中国(上海)国际游艇展	上海博华国际展览有限公司；上海谐成船舶技术咨询有限公司；上海船舶工业行业协会	4月17日—22日	4月19日—22日	22000	1号

续表

序号	展名	主办单位	租馆日期	展会日期	租赁面积/m²	馆号
22	NEPCON CHINA 2012	中国贸促会电子信息行业分会	4月23日—28日	4月25日—27日	22000	1号
23	上海国际新光源&新能源照明展览会	北京励德展览有限公司上海分公司	4月23日—27日	4月25日—27日	8500	2号
24	第七届中国国际机器视觉展览会(MV CHINA 2012)	上海泰沣展览服务有限公司	4月23日—27日	4月25日—27日	6000	4号
25	2012上海国际时尚车及文化博览会	上海外经贸商务展览有限公司	5月2日—7日	5月4-5.7日	15000	1号
26	上海社会公共安全产品国家博览会	上海安全防范报警协会	5月7日—11日	5月9日—11日	17000	3号
27	2012上海国际珠宝首饰展览会	北京智鑫佳弈珠宝文化发展有限公司	5月8日—13日	5月10日—13日	42000	1，2号
28	第六届中国(上海)楼梯进出口交易会	深圳亚太传媒股份有限公司	5月14日—19日	5月16日—19日	25000	1号
29	第九届上海国际鞋类皮革箱包展览会	上海雅辉展览有限公司	5月14日—18日	5月16日—18日	8500	3号
30	2012中国国际养老服务业博览会暨第七届中国国际康复护理展览会	上海国际展览中心有限公司	5月15日—19日	5月17日—19日	14000	2号
31	第17届中国国际建筑贸易博览会	上海环球展览有限公司	5月20日—26日	5月23日—26日	59000	1，2，3号
32	2012中国民族用品民族工艺品展览会	上海艺承展览服务有限公司 中国少数民族用品协会	5月31日—6月4日	6月1日—4日	5500	4号
33	CFA考试	中国技术创新有限公司北京教育发展中心	6月2日—3日	6月3日	17000	3号
34	荷兰阿姆斯特丹国际水处理展中国展 Aquatech China	上海荷瑞会展有限公司	6月4日—8日	6月6日—8日	37750	1，2号
35	2012第十届上海医疗器械展览会；201第十三届上海残疾人、老年人康复保健用品用具展览会	上海展亚展览服务有限公司	6月5日—9日	6月7日—9日	6000	4号
36	中国(上海)国际尚品家居及室内装饰展览会	励展华博展览(深圳)有限公司	6月11日—15日	6月13日—15日	25000	1号
37	中国婚博会	上海博万会展有限公司	6月14日—17日	6月16日—17日	30000	2，3号
38	第八届上海国际金属工业展览会、第八届上海国际钢管工业展览会、2012年上海国际机械零部件技术与装备展览会暨论坛	上海申仕展览服务有限公司	6月17日—21日	6月19日—21日	20000	1号
39	2012上海国际电力电子、智能运动、电能品质展览会	爱戴爱展览(北京)有限公司	6月17日—21日	6月19日—21日	6000	4号
40	2012上海国际电子产品采购交易会	环球资源会展(上海)有限公司	6月24日—28日	6月26日—28日	20000	1号
41	2012中国国际物联网展览会	上海国际展览有限公司	6月27日—29日	6月28日—29日	5000	4
42	第二十二届中国.上海国际婚纱摄影器材展览会暨国际儿童摄影、主题摄影、相册相框展览会	上海国际展览服务有限公司	7月3日—8日	7月5日—8日	71000	1，2，3，4号

续表

序号	展名	主办单位	租馆日期	展会日期	租赁面积/m²	馆号
43	第八届中国国际动漫游戏博览会	上海炫动汇展文化传播有限公司	7月9日—16日	7月12日—16日	25000	1号
44	2012上海户外家具及休闲水族用品展；上海园林机械与园艺工具展览会	上海浦东国际展览公司	7月14日—18日	7月16日—18日	5500	4号
45	第13届中国(上海)墙纸、布艺及家居软装饰博览会	北京中装华港建筑科技展览有限公司	8月14日—18日	8月16日—18日	59000	1，2，3号
46	2012中国（上海）墙纸、布艺、地毯及家居软装饰展览会	上海中装展业展览有限公司	8月14日—18日	8月16日—18日	6000	4号
47	第二十三届多国仪器仪表展览会	中国仪器仪表学会	8月19日—24日	8月21日—24日	25000	1号
48	中国婚博会	上海博万会展有限公司	8月23日—26日	8月25日—26日	29000	2，4号
49	上海国际模型展览会	上海好博塔苏斯展览有限公司	8月26日—30日	8月28日—30日	13000	3号
50	2012上海国际家庭用品、促销品及工艺品创意设计展览会	北京励展华群展览有限公司	8月28日—9月1日	8月30日—9月1日	15000	2号
51	2012上海国际流行纱线展示会(秋冬季)	WELL LINK CONSULTANTS LTD.利佳展览服务(上海)有限公司	9月1日—7日	9月4日—6日	15000	3号
52	第18届中国国际复合材料展览会	中国复合材料集团有限公司；北京中实联展科技有限公司	9月3日—7日	9月5日—7日	33500	1，2号
53	2012年第十八届中国国际家具生产设备及原辅材料展览会	上海博华国际展览有限公司	9月8日—14日	9月11日—14日	64500	1，2，3，4号
54	2012中国国际轴承及其专用装备展览会	中国轴承工业协会	9月17日—23日	9月20日—9.23日	40000	1，2号
55	中国国际特殊钢工业展览会	中国特钢企业协会	9月17日—23日	9月20日—23日	6000	3号
56	2012第六届上海国际智能建筑展览会暨建筑电气、楼宇自动化展览会	上海红杉会展服务有限公司	9月18-日—22日	9月20日—22日	6000	4号
57	中国国际医疗设备设计与技术展(Medtec China)	亿百媒会展(上海)有限公司	9月24日—27日	9月26日—27日	6000	4号
58	第七届石油石化天然气技术装备展览会	上海艾展展览服务有限公司	9月25日—28日	9月26日—28日	8500	2号
59	2012上海国庆车展暨上海进口汽车博览会暨上海家用车商务车及房车展	上海东浩会展活动策划有限公司；上海现代国际展览有限公司	10月1日—6日	10月3日—6日	20000	1号
60	假日儿童节暨上海国际儿童启智展览会	上海东浩会展活动策划有限公司；上海现代国际展览有限公司	10月1日—6日	10月3日—6日	10000	2号
61	2012上海国际艺术品收藏与投资展览会	上海东博展览有限公司	10月4日—7日	10月5日—7日	6000	4号
62	2012第四届(上海)国际减灾及与安全博览会	上海国际广告展览有限公司	10月8日—12日	10月10日—12日	8500	2号
63	2012年宠物展览会	上海万耀企龙展览有限公司	10月9日—14日	10月11日—14日	25000	1号

续表

序号	展名	主办单位	租馆日期	展会日期	租赁面积/m²	馆号
64	中国婚博会结婚新品体验会	上海博万会展有限公司	10月12日—13日	10月13日	8000	3号
65	2012中国国际标签技术展览会	中国印刷及设备器材工业协会；中国印刷科学技术研究所	10月14日—20日	10月17日—19日	8500	2号
66	2012(上海)世界抗衰老医学大会暨再生生命科学技术博览会(自办展会)	上海东浩会展活动策划有限公司	10月16日—20日	10月18日—20日	按实计算	4号
67	第十届中国国际半导体博览会暨高峰论坛	中国国际贸易促进委员会电子信息行业分会	10月21日—25日	10月23日—25日	20000	1号
68	第十六届中国国际口腔器材展览会暨学术研讨会	上海博星展览有限公司	10月22日—27日	10月24日—27日	34000	2,3号
69	第九届中国商业地产博览会	欣城(上海)展览有限公司	10月28日—11月1日	10月30日—11月1日	4000	4号
70	2012第六届中国(上海)国际流体机械展览会	中国通用机械工业协会	10月29日—11月2日	10月31日—11月2日	25000	1号
71	2012中国国际供热及热动力技术展览会	北京雅展展览服务有限公司上海分公司；雅式展览服务有限公司	10月29日—11月2日	10月31日—11月2日	8000	2号
72	第十七届中国国际质量控制与测试工业设备展览会、第七届中国国际土工合成材料及设备展览会	上海华亿展览广告有限公司；上海泰沣展览服务有限公司	10月29日—11月2日	10月31日—11月2日	8500	3号
73	2012中国国际水处理化学品、水溶高分子、造纸化学品、工业表面活性剂技术及应用展览会	中国化工信息中心	11月5日—9日	11月7日—9日	8500	2号
74	2012歌华(第十届)中国上海国际车用空调及冷藏技术展览会	上海歌华展览服务有限公司	11月6日—10日	11月8日—10日	20000	1号
75	上海国际黄金珠宝玉石展览会	博闻(广州)展览有限公司	11月7日—12日	11月10日—12日	11000	3号
76	时尚育儿嘉年华	亿百媒会展(上海)有限公司	11月22日—25日	11月24日—25日	8500	2号
77	2012上海汽车用品暨改装展览会	中国国际贸易促进委员会台州市支会；上海聚威展览服务有限公司	11月26日—30日	11月28日—30日	17000	2号
78	CFA考试	中国技术创新有限公司北京教育发展中心	11月30日—12月1日	12月1日	25000	1号
79	2012上海国际流行服饰配件及礼品家用品采购交易会	环球资源会展(上海)有限公司	12月3日—7日	12月5日—7日	20000	1号
80	2012上海国际珠宝展暨黄金珠宝创意产业博览会	上海博威展览服务有限公司	12月12日—17日	12月14日—17日	5500	4号
81	中国婚博会	上海博万会展有限公司	12月13日—16日	12月15日—16日	31000	2,3号

近年来荣获的各类奖项

中国建设工程鲁班奖

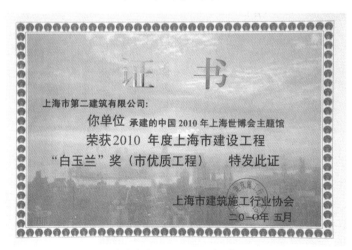

中国土木工程詹天佑奖

2009年度上海市建设工程金属结构
Shanghai Metal Construction 2009
（市优质工程）
Municipal Excellent Project

金 钢 奖
Jin Gang Award

特 等 奖
Grand Award

获奖工程：上海世博会主题馆工程
获奖单位：上海市第二建筑有限公司

上海市金钢奖特等奖

证 书

上海市第二建筑有限公司

　　经过世博及配套工程建设方推荐、企业申报、专家
评审、社会公示、主办单位确认，贵司研发的"超大深
基坑无支撑新型围护体系建造技术研究"项目，在上海
世博会主题馆工程建设中，体现了该技术的创新性、领
先性和实效性，荣获2010上海世博及配套工程施工技术

科技进步奖

特颁此证

证号：沪世博技术奖（2010）第011号

二○一○年四月

上海市科技进步奖

上海市建设工程"白玉兰"奖

作者简介

　　戴柳，男，1960年6月出生，上海市人，硕士学位，高级经济师，上海大学客座教授。现任上海东浩兰生国际服务贸易（集团）有限公司董事长、党委书记，上海博览会有限责任公司总裁。曾任上海机床厂厂长、上海电气（集团）总公司副总裁、上海东浩国际服务贸易（集团）有限公司董事长、党委书记。2003年10月起任上海世博集团有限公司董事长、党委书记（期间，曾兼任上海世博会事务协调局副局长）。2006年开始负责世博中心、主题馆等上海世博会永久性场馆的建设。2011年起负责中国博览会会展综合体项目建设。

　　高文伟，男，1960年12月出生，江苏武进人，硕士研究生，高级国际商务师。现任上海东浩兰生国际服务贸易（集团）有限公司副总裁，上海博览会有限责任公司副总裁。曾历任上海市工艺品进出口公司副总经理（期间作为上海援藏干部曾任日喀则地区外经贸局局长、党委书记），上海世博（集团）有限公司办公室主任、工会主席，上海世博（集团）有限公司副总裁，上海东浩国际服务贸易（集团）有限公司副总裁等职务。2006年开始负责世博中心、主题馆等上海世博会永久性场馆的建设。2011年起负责中国博览会会展综合体的建设。

　　丁洁民，男，1957年9月出生，上海市人，1987年毕业于同济大学结构工程系获硕士学位，1990年获博士学位，博士研究生导师，结构工程专业教授、研究员，中国国家一级注册结构工程师，中国土木工程学会常务理事，中国建筑学会常务理事，上海市建筑学会副理事长。现任同济大学建筑设计研究院（集团）有限公司总裁、结构总工程师，同济大学校长助理，同济科技股份有限公司董事长。曾任上海城市建设学院设计研究院院长，同济规划建筑设计研究总院副院长。先后主持和负责上海世博会主题馆、西班牙馆，担任结构专业负责人。曾获第十届詹天佑土木工程大奖、全国优秀工程勘察设计行业奖建筑结构一等奖、第七届全国优秀建筑结构设计一等奖。